哺乳动物皮肤发育与色素沉着的ncRNA研究

◎ 朱芷葳 著

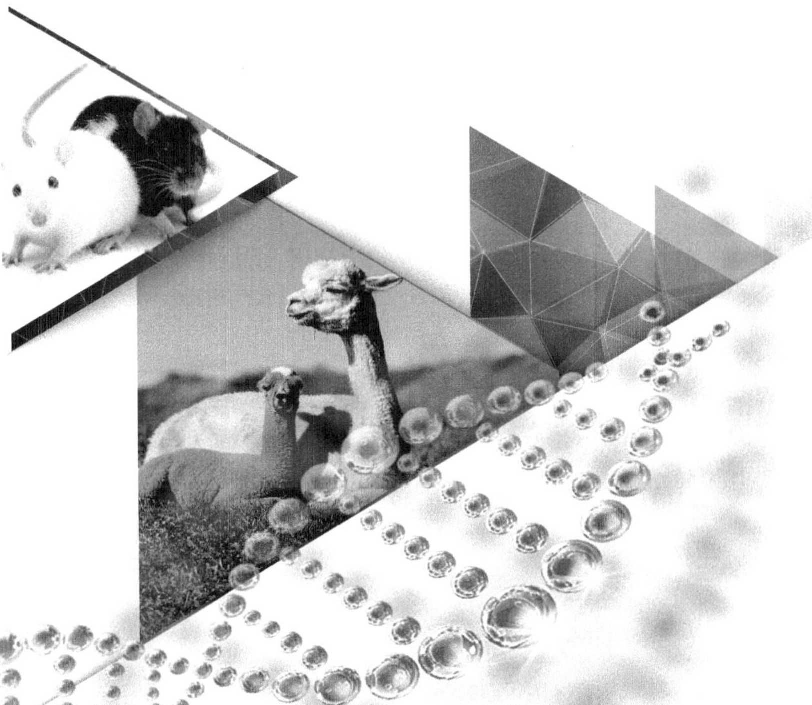

中国农业科学技术出版社

图书在版编目（CIP）数据

哺乳动物皮肤发育与色素沉着的 ncRNA 研究 / 朱芷葳著 . —北京：中国农业科学技术出版社，2019. 12

ISBN 978-7-5116-4551-7

Ⅰ. ①哺… Ⅱ. ①朱… Ⅲ. ①哺乳动物纲－皮肤－色素沉着－研究 Ⅳ. ①Q959.8

中国版本图书馆 CIP 数据核字（2019）第 292194 号

责任编辑　闫庆健　王惟萍
责任校对　李向荣

出 版 者　中国农业科学技术出版社
　　　　　北京市中关村南大街12号　　邮编：100081
电　　话　（010）82106625（编辑室）（010）82109702（发行部）
　　　　　（010）82109709（读者服务部）
传　　真　（010）82106625
网　　址　http://www.castp.cn
经 销 者　各地新华书店
印 刷 者　北京建宏印刷有限公司
开　　本　850mm×1 168mm　1/32
印　　张　5.375
字　　数　141千字
版　　次　2019年12月第1版　2019年12月第1次印刷
定　　价　38.00元

本书所涉及的研究工作得到国家自然科学基金（NO. 31402156，NO. 31873002）；山西省青年基金（NO. 2014021028-2）；山西农业大学青年拔尖创新人才支持计划（NO. TYIT201403）；山西省重点研发计划项目（NO. 201803D31062）；山西省青年三晋学者项目（J241644001）；山西省“1331工程”重点学科建设计划项目（J201711306）的支持。

前　言

皮肤作为哺乳动物机体最大的器官，具有屏障、保护、调节体温、保持水分、感觉、参与免疫应答等多种功能，历来受到研究的高度关注，从分子细胞水平探索哺乳动物皮肤发育及其调控机制，有助于加深对皮肤结构和功能的认识。作为皮肤表皮衍生物的毛发因其粗细、色泽、弯曲度等方面多态性长期受到进化生物学、生态学、育种学等领域的研究关注，探明毛色形成多样性的形成机制有望揭示哺乳动物生态进化机制，且有利于培育出品质优良的毛皮动物品种。如果能利用动物皮肤发育和毛色调控机理，人为改变毛用动物的毛发生长和毛色表型，就能培育出品质优良的毛皮动物，但是皮肤发育及色素沉着是一个复杂的、多因素的过程，受到很多基因调控，其中包含ncRNA的调控，ncRNAs包括microRNA（miRNA）、long non-coding RNA（lnRNA）、circular RNA（circRNA）、piwiRNA（piRNA）等。研究表明，高等生物一半以上的DNA转录为RNA，其中绝大多数为ncRNA。这些冗余的ncRNA在生物发育的过程中有着重要的作用，同样在皮肤发育及色素沉着中也发挥着不容忽视的作用。

作者多年来一直从事ncRNA对哺乳动物皮肤发育及色素沉着的研究，现将所获得的研究成果进行了系统的梳理、筛选，并撰写成本书。本书主要包括6章内容，分为两大部分，第一部分选取了两种不同被毛颜色的小鼠，对皮肤发育及色素形成的两个关键时期进行了ncRNA的生物信息学分析，分析筛选差异表达的circRNA、lncRNA和miRNA，并构建了ceRNA网络，对这三类ncRNA在小鼠皮肤发育和色素沉着方面进行了系统的研究；第二部分主要是针对课题组前期筛选的miRNA对羊驼黑色素形成关键基因的调控进行了深入研究。希望所研究内容及成果对本领域研究有所帮助。

在编写本书的过程中，感谢恩师董常生教授给予的指导，感谢博士后合作导师吕丽华教授对本书内容的审定；感谢李鹏飞教授对本书撰写提出的建议及帮助；感谢课题组贺俊平、赫晓燕、范瑞文、王海东、耿建军教授和程志学、于秀菊老师在课题执行工作中给予的帮助；感谢生命科学学院提供了完善的实验平台；感谢课题组研究生蔡永强、李园、刘文艳、马悦悦和蓝昊涛在本研究工作中的付出和对本书编写过程中的协助。

由于作者学识水平有限，书中不足及错误之处在所难免，敬请广大同行和读者提出宝贵意见，以便修订和及时更正。

朱芷葳

2019年9月

目　录

第一章　哺乳动物皮肤发育与色素沉着的ncRNA研究进展

第一节　皮肤发育和色素沉着的研究进展

皮肤是哺乳动物机体最大的可见器官，与其附属物被毛形成机体的外部屏障，能够为机体保持水分、抵御外界环境侵害，除了它的基本功能之外，毛用动物的毛皮具有巨大的经济性能，如果我们能掌握动物毛发发育和毛色调控机理，并且人为改变毛用动物的生长和毛色表型，能培育出品质优良的毛皮动物，这将会极大地提高毛用动物的经济价值和社会效益。同时哺乳动物的皮肤（包括人类）是容易发生癌变的部位，但其致癌机理还不清楚，以小鼠等为模式，动物探索皮肤肿瘤发生机制，有重要的医学研究意义。利用其机理希望能进一步改善毛用动物的利用性及皮肤癌症靶基因的治疗方法。

一、皮肤的组织形态

皮肤由表皮、真皮和皮下组织组成。表皮中的主要细胞是角质形成细胞。其他细胞包括黑素细胞（产生色素），朗格汉斯细胞（树突状抗原呈递细胞）和默克尔细胞，默克尔细胞具有神经内分泌作用，对机械刺激敏感（Fore，2006）。真皮位于表皮下，分为乳头层和网状层。乳头层中有毛细血管、网状层中有较大的血管，两层中都有淋巴管和神经末梢。毛囊、皮脂腺和汗腺在网状层中。皮肤的衍生物有毛和皮肤腺。毛是哺乳动物特有的结构，它用以保护身体和抵御寒冷，也是许多哺乳动物的重要经济性状之一。毛分为3个基本部分：毛干、毛根和毛球。毛干是毛突出于皮肤表皮以外的部分，这部分一般称为毛纤维；毛根为深入皮肤的部分，毛球为下端膨大的部分。毛球底部有一凹陷，为毛乳头，围绕毛乳头的上皮细胞为毛母质细胞，毛母质细胞分裂，向上迁移，角化形成毛的角质细胞。毛从毛乳头获得营养物质后便不断增殖，使毛纤维斜向上生长（彭克美等，2009）。

毛根周围包绕有毛囊，表皮向真皮下陷形成了毛囊。毛囊结构复杂，能够自我更新，是周期性生长的器官。动物毛囊的结构和特性决定了动物毛的品质和商业价值。近些年，虽然也有很多毛囊发育、毛发生产的分子遗传学、毛囊形态发生和毛发周期的信号通路以及基因的相关研究报道，但是还远远不够。它独特的生物学结构像是一个宝藏等待着研究者们去挖掘。

二、黑色素细胞的发生

皮肤发育是一个复杂的、多因素的过程。近年来，得到了越来越多的关注；研究皮肤和胚胎发育及其分化、调控相关因素，对临床治疗具有重要意义。哺乳动物毛发的颜色都是由黑素细胞产生黑色素形成的。黑素细胞对于色素沉着的功能在物种进化中都是高度保守的。黑素细胞胞体呈圆形，并伸出许多长而不规则的突起，突起末端终止于所达细胞的凹陷内，具有丰富的核蛋白体、粗面内质网和明显的高尔基复合体（Slominski et al.，2004）。

成黑素细胞（melanoblast）是黑素细胞（melanocyte）的前体，成黑素细胞是胚胎发育过程中由神经嵴细胞产生的（Le Douarin et al.，1999）。在胚胎发育过程中，黑素细胞从神经嵴沿躯干侧向迁移，区别于其他神经嵴细胞沿躯干腹侧部迁移的路线，这说明黑素细胞的发生具有时空特异性。在小鼠胚胎第8.5～9.5 d，躯干区域发现成黑素细胞（Pla et al.，2001）。从胚胎10.5 d开始，黑素细胞开始沿着外胚层和体细胞背表面之间的背外侧通路迁移（Wehrle-Haller et al.，1995）。在胚胎11.5 d时，成黑素细胞开始进入表皮。然后，在胚胎期15.5～16.5 d，成簇的黑素细胞进入正在发育的毛囊（Luciani et al.，2011），另一部分黑素细胞位于真皮和表皮的交界处。成黑素细胞的迁移阶段依赖于一系列旁分泌相互作用（Mirosława et al.，2013）。哺乳动物皮肤黑素细胞来源于神经嵴，其定向分化与小眼畸形相关转录因子（*microphthalmia-associated transcription factor*，*MITF*①）、成纤维细胞生长因子-2（*fibroblast growth factor-2*）、内皮素-3（*endothelin-3*，*ET3*）以及其他诸多因子的作用相关（Dupin et al.，2003；Goding. et al.，2007；Dupin et al.，2000；Shin et al.，1999）。目前有400多个基因参与色素沉着，但其机制还不是很清楚（Lamoreux et al.，2010）。

三、黑色素细胞的定位

Lin等研究报道了在人皮肤组织中黑素细胞定位于表皮和真皮交界处，与角质化细胞相比较可看到黑素细胞核相对较小，胞质少（图1-1）。MITF②为检测黑素细胞的分子标记物，Lin等通过MITF蛋白表达的位置可检测到黑素细胞核，核小且胞质少（Lin，et al.，2007）。

① 表达基因时为*MITF*，全书同。

② 表达蛋白时为MITF，全书同。

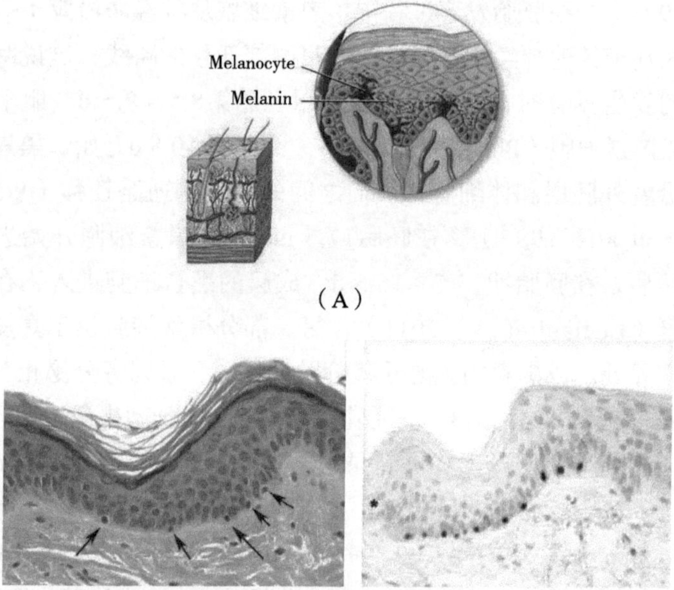

（A）

（B）　　　　（C）

（A）皮肤组织黑素细胞定位模型图；（B）人皮肤组织 H.E. 染色。人皮肤组织苏木精染色后，表皮层中角质化细胞核蓝染，可从图中看出角质化细胞核相比较大。真皮层含有大量的蛋白质、胶原质（肌肉和神经纤维），伊红染色后呈粉色，相比角质化细胞可看到黑素细胞核相对较小，胞质少，位于表皮和真皮交界处；（C）MITF 免疫组化定位黑素细胞图。免疫组织化学技术确定 MITF 蛋白表达的位置可看到黑素细胞核为深棕色，核小且胞质少

图1–1　黑素细胞定位

第二节　皮肤组织miRNA研究

microRNA（miRNA）是一类由21～25个核苷酸组成的非编码单链RNA，具有高度的保守性，可以通过与靶mRNA的特异性作

用，实现其对靶基因的转录后水平调控（Carthew et al.，2009）。其在细胞生长、发育、增殖和凋亡等生物学过程，以及基因调控方面发挥着重要的作用。大量研究表明miRNA在皮肤发育和病理学过程中发挥重要作用（Cheng et al.，2005）。miRNA通过与信号通路和调控因子相互作用，与靶基因共同形成了一个网络调控系统，实现对皮肤形态发生及色素沉着的调控（Liang et al.，2015）。

一、miRNA 在皮肤发育中的作用

Yi等（2006）在小鼠胚胎期17.5 d，分别从表皮和毛囊中提取总RNA，对18～20 nt的小RNA克隆、测序，从表皮中得到1 245个miRNAs，毛囊中得到1 113个miRNAs。假设克隆频率能反应出miRNA在细胞内的表达水平，那么很多miRNAs在表皮和毛囊中的表达是不同的。表皮克隆频率大于1%的有33个miRNAs，*miR-200a*、*miR-141*和*miR-429*在表皮中表达，毛囊中不表达，另外15个miRNAs在表皮中表达量高于毛囊，毛囊中有6个miRNAs高表达。两种组织中miRNA的表达不同说明执行的功能也不同。

miRNA形成的关键酶Dicer的表达在皮肤发育中分布不均。在发育的毛囊板中能检测到Dicer的强信号，而在小鼠胚胎周围表皮中观察到的信号较弱，由此可以推测miRNA在皮肤发育中有差异，并执行不同的功能（Andl et al.，2006）。比如miRNA在表皮细胞和毛囊中的表达是不一样的。在表皮*miR-200*和*miR-19*/*miR-20*家族表达量高，而在毛囊中是*miR-199*家族表达高（Yi et al.，2006）。

Alam（2014）发现*miR-214*在皮肤上皮细胞中表达模式不同，在角质形成细胞中过表达*miR-214*会抑制细胞增殖，毛囊形成的数量会减少，而且毛囊变小、毛发变细。研究证明*miR-214*是通过靶向β-连环蛋白来调节皮肤形态发生和毛囊周期的。Mardaryev（2010）发现在小鼠毛发周期的不同阶段，皮肤中的miRNA表达不同，在

生长过程中*miR-31*的表达显著增加，而在退行期和终止期时显著减少。当在毛发周期的早期和中期向小鼠皮肤中加入反义*miR-31*抑制剂，可加速毛发生长。哺乳动物皮肤内层干细胞向外迁移到外层构成复层扁平细胞，形成了皮肤坚实的保护层，*miR-203*可以阻断p63蛋白的翻译，导致上皮内层的干细胞离开并迁移到皮肤表面时，迅速转换为末端分化的细胞，建立起皮肤的防护层。抑制*miR-203*的表达会导致皮肤坚实的保护层形成障碍（Yi et al.，2008）。

关于miRNA对于表皮稳态、毛囊周期和色素的沉着其实已经有了很多研究，如图1-2所示，蓝色、绿色和红色分别表示表皮稳态、毛发周期，色素沉积的miRNA及miRNA调节的靶基因（Botchkareva NV，2012），但是还有很多基因及分子机制没有揭开，需要进一步研究。

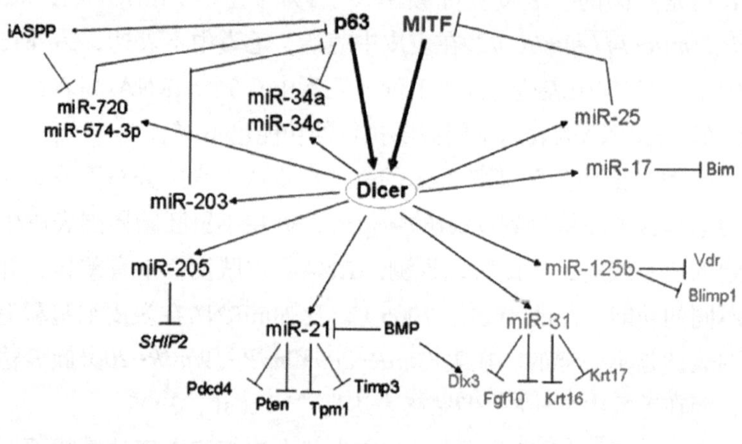

图1-2　miRNA调控表皮稳态、毛囊发育周期和色素沉着的靶基因网络图

二、miRNA 与色素沉着

孙武（2015）在100日龄的乌皮羊及白皮羊皮肤组织寻找到62个

差异表达的miRNAs，31个在乌皮羊胎儿皮肤中表达上调，另外31个在白皮羊胎儿皮肤中高表达。靶基因预测及通路显著性富集分析，筛选出与黑色素生成有关的86个靶基因。其中有3个miRNAs对黑色素生成关键基因*MITF* 3' UTR区域有靶向结合位点；有2个miRNAs对黑色素生成关键酶*TYR* 3' UTR区域有靶向结合位点，表明了miRNA可以参与胎儿早期皮肤黑色素生成的调节。

Tian（2012）等利用Illumina测序从棕色和白色羊驼皮肤中分别发现267和272个保守的miRNAs（包含22个新鉴定出的miRNAs），其中35个miRNAs在白色羊驼中高表达，13个miRNAs在棕色羊驼中高表达，*miR-202*、*miR-542-5p*、*miR-424*、*miR-370*和*miR-22-3P*等高表达于白色羊驼，*miR-211*、*miR-184*、*miR-486*、*miR-885*和*miR-451*高表达于棕色羊驼。

miR-337、*miR-208*、*miR-377*、*miR-25*在被毛颜色迥异的皮肤组织中表达存在显著差异，且靶基因分析发现*miR-25*和*miR-337*可能参与了毛色的形成（Zhu et al.，2010）。通过对*miR-137*及其靶基因*MITF*的研究，得出*miR-137*可通过与*MITF*的3' UTR的结合阻断*MITF*的转录，从而影响皮毛颜色的形成，并构建*miR-137*转基因的小鼠模型，进一步证实了*miR-137*对毛色的影响（Dong et al.，2012）。马淑慧等（2014）研究者利用双荧光素酶报告载体，确定*miR-488*可通过调节黑素细胞皮质素原参与调控色素沉着。

过表达*miR-25*和*miR-218*均能降低*MITF*及其下游基因的蛋白表达，从而抑制黑色素的合成（Zhu et al.，2010；Guo et al.，2014）。沉默*miR-429*导致*Foxd3*表达量显著上升，*MITF*及其下游分化基因的表达被抑制，导致鲤鱼皮肤黑色素减少、颜色改变（Thomas et al.，2009）。*miR-10b*能抑制HOX基因家族表达，*HOXA10*能够上调毛色相关基因*Dkk1*的表达，*Dkk1*能够通过抑制*β-catenin*以及*MITF*的表达抑制黑色素形成（Woltering et al.，2008）。

巫小倩等（2016）总结了当时已验证的miRNA调控黑色素生成的网络图（图1–3）。从图中可以看到研究人员已经验证了很多调节色素形成关键基因的miRNA，但是还有很多miRNA潜在角色及对色素形成靶基因的调节机制还不清楚。

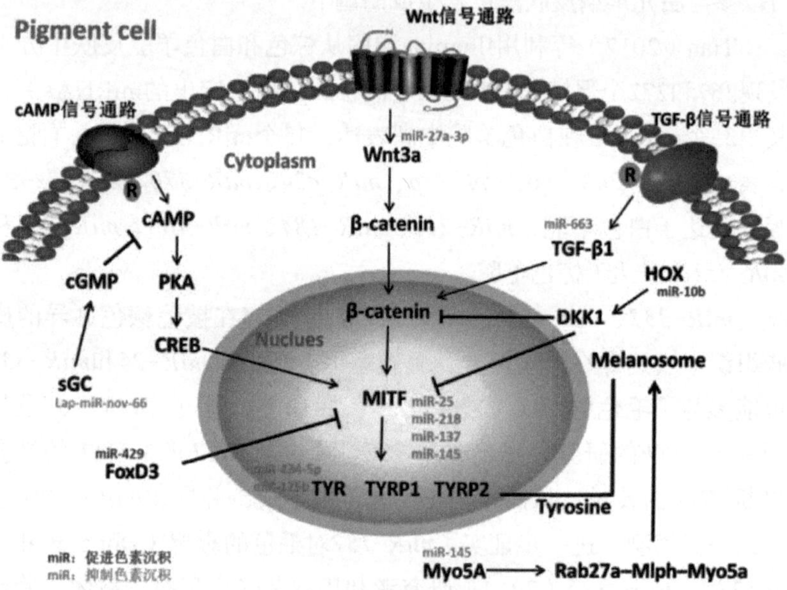

图1–3　miRNA调控黑色素生成网络图

之后还有很多科研人员继续在研究miRNA对色素形成靶基因的调节。Zhang（2017）在羊驼黑色素细胞中证明*miR–508–3p*可以靶向*MITF*基因3' UTR区继而调控*MITF*的表达，而人为地过表达*miR–508–3p*会在mRNA和蛋白水平上下调MITF的表达，导致包括*TYR*和*TYRP2*在内的关键黑素基因的表达降低。*miR–508–3p*在黑素细胞中的过度表达会导致真黑素和褐黑素在内的黑色素生成减少。

武良琦（2017）等研究证明，*miRNA-338-3p*通过抑制*MC1R*基因表达，影响了下游基因*MITF*、*TYR*、*TYRP1*和*TYRP2*基因的表达，从而抑制羊驼皮肤黑色素细胞黑色素的合成。

第三节　皮肤组织circRNA的研究

哺乳动物毛发的颜色都是由黑素细胞产生黑色素形成的。黑素细胞对于色素沉着的功能在物种进化中都是高度保守的。黑素细胞相关基因及其协同作用的研究表达网络在遗传学的诞生中起着重要的作用。因此，从分子水平和遗传水平了解黑素细胞的特征和功能，为开发新的毛用动物经济性状及对人类黑色素瘤再生疗法提供重要研究基础。近来研究表明，circRNA在多种代谢途径中发挥着重要作用。然而，关于circRNA对于色素发育的调控作用知之甚少。

除了经典的转运RNA（tRNA）、信使RNA（mRNA）和核糖体RNA（rRNA），细胞还包含其他重要的RNA类型，如microRNA（miRNA）、长非编码RNA（long non-coding RNA，lncRNA）、小干扰RNA（small interference RNA，siRNA）、环状RNA（circular RNA，circRNA）和piwiRNA（piRNA）（Andreeva et al.，2015）。circRNA的3' 端和5' 端是以“反向剪接”和“头尾剪接”的方式共价连接（Liang et al.，2014）。因此，circRNA不会被核糖核酸酶降解，结构稳定，而核糖核酸酶会降解线性RNA（Suzuki et al.，2006）。大多数circRNA是由蛋白质编码基因的外显子衍生而来，有些circRNA可能来自同一基因位点（Jeck et al.，2016）。circRNA起源于外显子或内含子，导致三种主要不同类型circRNA的形成：外显子circRNA、内含子circRNA和外显子—内含子circRNA（Chen et al.，2015）。circRNA作为内源性RNA的一个特殊亚群，具有很

强的基因调控能力和组织特异性表达能力（Jens et al.，2013）。有些circRNA可以翻译为蛋白质，circRNA的主要功能是通过与结合相关蛋白（RNA-binding protein，RBPs）和miRNA结合，促进转录后调控基因表达参照图1-4，图的左边是剪接过程，称为“反向剪接”。circRNA可以是外显子、内含子或外显子-内含子。彩色的条带表示外显子。黄色的条带表示内显子。A为外显子反剪接，B为外显子-内含子反剪接，C为内含子反向剪接。图的右边是circRNA的功能。circRNA可以转化为蛋白质，其主要功能是通过与结合相关蛋白（（RNA-binding protein，RBPs）和miRNA结合，参与转录后调控，调控基因表达。D是指circRNA翻译为蛋白，E指与结合相关蛋白（（RNA-binding protein，RBPs）结合的circRNA，F指作为miRNA海绵调控基因表达的circRNA。（Wilusz et al.，2013；Hansen et al.，2013）。因此，与其他RNA相比，circRNA可能成为诊断癌症的理想生物标志物。

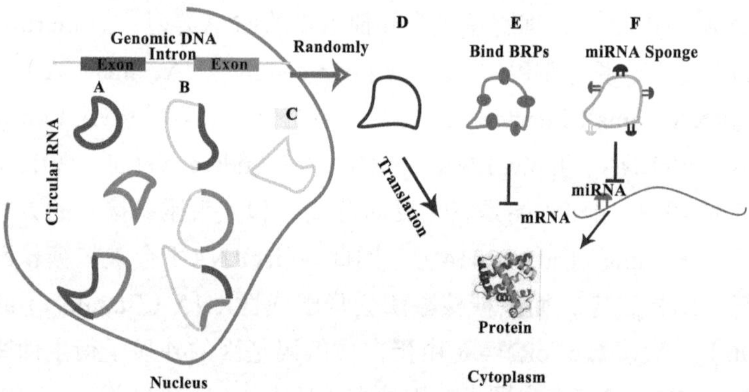

图1-4　circRNA的剪接产物及其作用机理

目前研究表明，circRNA可通过多种途径发挥作用。其可作为天然微小RNA（microRNA，miRNA）“海绵”参与其表达调控；也可通过与蛋白互作调节基因的转录、细胞周期或衰老等生理过程。

事实上，circRNA最早发现于20世纪70年代。Kolakofsky和Sanger（1976）利用电镜等技术在植物感染的类病毒（Viroids）及副流感病毒（Sendai virus）颗粒中首次观察到circRNA，但当时人们把更多的注意力聚焦在线性ncRNAs上，尤其是miRNA和lncRNA的相关研究，而鲜见circRNA的相关研究，主要原因是相对于大量的经典线性ncRNAs，circRNA较为罕见，被认为是错误剪接的副产物。直到2015年Andreeva和Cooper研究报道了circRNA广泛存在于动植物细胞组织中，且具有很多特殊的生物学特性之后，才引起国内外科学家的高度重视（王浩文等，2018）。

目前circRNA相关的研究主要集中在肿瘤方向，越来越多的证据表明circRNA与肿瘤的发生关系密切。Chen等（2017）在对口腔鳞状癌细胞的研究中发现*circRNA_100290*可作为竞争性内源性RNA通过吸收*miR-29b*家族成员来调节细胞周期蛋白CDK6的表达。Li等（2015）对684份食管鳞状细胞癌（esophageal squamous cell carcinoma，ESCC）的研究中发现*circ-ITCH*的表达显著低于正常细胞，进一步研究发现*circ-ITCH*可作为*miR-7*、*miR-17*、*miR-214*的海绵，提高*ITCH*的表达，而*ITCH*可以通过Wnt/β-catenin通路抑制ESCC的进展。Zhu等（2018）研究发现，与邻近的正常组织相比，在肝细胞癌（hepatocellular carcinoma，HCC）组织和细胞系中，*circ_0067934*的表达显著上调，且在敲除*circ_0067934*的表达后在诱导肝癌细胞系Hep3b和Huh7凋亡的同时显著抑制了其增殖、迁移和侵袭。在后续机制研究上，发现*circ_0067934*直接抑制了靶向*FZD5* mRNA 3' UTR的*miR-1324*，随后抑制了HCC中Wnt/β-catenin信号通路。通过回复试验，证明了*circ_0067934*通过抑制*miR-1324*和同时激活fzd5/wnt/β-catenin信号通路，增强了肝癌细胞的增殖、迁移和侵袭。Yang等（2019）研究发现*hsa-circ-0002468*可以作为

*miR-561*的海绵来调节人神经母细胞瘤分化模型sh-sy5y细胞的增殖和分化。生物信息学分析显示，*hsa-circ-0002468*有一个与*miR-561*对应的结合位点，并通过双荧光素酶报告进行了验证。在sh-sy5y分化过程中，*hsa-circ-0002468*的表达增加，与*miR-561*的表达呈负相关。通过qRT-PCR分析，发现*hsa-circ-0002468*在sh-sy5y细胞中负性调节了*miR-561*。并且发现*hsa-circ-0002468*的过度表达会增加sh-sy5y的分化和增殖；而抑制*hsa-circ-0002468*会导致sh-sy5y分化水平降低和sh-sy5y增殖水平增加。此外，*miR-561*的过度表达挽救了由*hsa-circ-0002468*过度表达引起的sh-sy5y增殖缺陷，并消除了由*hsa-circ-0002468*促进的sh-sy5y分化。还确定了*miR-561*的作用靶点*E2F8*。可见*hsa-circ-0002468*在神经母细胞瘤的作用，为其治疗提供了一个新思路。

circRNA作为一种内源性非编码RNA，广泛参与了早期胚胎发育、细胞增殖、细胞凋亡、细胞死亡和脂肪代谢等过程，目前circRNA在皮肤毛囊发育、形态发生、毛发周期等的研究还未见报道。

Wang等（2018）采用circRNA微阵列分析了低转移性黑色素瘤WM35细胞系和高转移性黑色素瘤WM451细胞系中circRNA的变异性，并与对照的人类黑色素细胞进行比较。在WM35和WM451细胞中，5个circRNAs上调，4个circRNAs下调。qRT-PCR显示细胞中的*circ0000082*和*circ0016418*表达上调，*circ0023988*、*circ0008157*和*circ003088*表达下调，与微阵列分析结果一致。功能测试显示，敲除*circ0023988*、*circ0008157*或*circ003088*能显著促进WM35细胞的增殖和侵袭。试验结果为黑色素瘤的治疗提供了新的靶点。Luan研究发现黑色素瘤组织中的*circRNA_0084043*明显上调，且发现高*circRNA_0084043*表达与黑色素瘤患者总生存率成负相关，*circRNA_0084043*促进黑色素瘤细胞增殖、侵袭和迁移。生物信息学和荧光素酶报告分析证实，*circRNA_0084043*可直接与*miR-153-*

*3p*结合，而*Snail*是*miR-153-3p*的下游靶向基因。并通过试验证明*circRNA_0084043*可能作为*miR-153-3p*的“海绵”，上调*Snail*的表达，从而在黑色素瘤中作为一种致癌基因发挥作用。

circRNA在各领域的研究如雨后春笋。circRNA的存在及功能拓展了真核生物转录组的复杂性和多样性，目前人们对circRNA的形成和特征已基本了解，但仍有许多生物学功能尚不清楚。总体来说目前对circRNA的研究仍处于起步阶段，有许多亟待解决的问题，而有关circRNA的研究主要集中在其与疾病、癌症的相关性方面。但是随着研究的深入，相信circRNA在其他方面的作用也会渐渐清晰。

第四节　皮肤组织lncRNA的研究

一、lncRNA 与毛囊发育

郭杨等（2015）利用高通量测序技术，对羊绒生长期和休止期的皮肤组织进行denovo测序及深度信息学分析，发现有54个lncRNAs差异表达，其中上调32个，下调22个。Wang等（2017）等也通过高通量测序鉴定了绒山羊毛囊发育的生长期和休止期的1 108个lncRNAs，其中有41个lncRNAs表达量在生长期上调，157个lncRNAs表达量下调，推测这些lncRNA在毛囊发育和毛囊周期中具有一定的调控功能。Yue等（2016）研究分析了大量lncRNA以及编码RNA在毛囊形成过程中的作用，其中只有*Wnt2*、*FGF20*在Wnt、Shh、Notch和BMP信号通路中差异显著，而lncRNA表达谱的分析共检测到15个显著差异表达的lncRNA，其中6个上调，9个下调。这些关键的差异表达基因和lncRNA可能调节了毛囊的发育。

Si等（2017）发现*PlncRNA-1*过表达上调*TGF-β1*介导的Wnt/β-catenin信号通路，促进毛囊干细胞的增殖和分化。Cai等（2018）

发现*lncRNA5322*能够通过靶向*miR-21*介导的PI3K-AKT信号通路，促进毛囊干细胞的增殖和分化。刘善博（2016）对细毛羊毛囊形态发生前期及基板期皮肤组织进行了高通量测序，发现884个新的lncRNAs，其中13个lncRNAs存在潜在顺式（cis）或反式（trans）靶基因，经分析这些差异表达的lncRNAs可能通过信号通路参与细毛羊毛囊形态发生过程，并进一步证明*oarmiRNA-3955-5p*与*lncRNA005698*之间具有靶向关系。

二、lncRNA 与色素沉着

目前lncRNA与色素沉着主要集中在对恶性黑色素瘤的作用上，其对恶性黑色素瘤的发生、发展起着重要的作用。

颜晗等（2017）从基因表达综合数据库中的黑色素瘤mRNA表达谱数据集GSE15605中提取出一些lncRNA的表达信息，并分析这些lncRNA与黑色素瘤的关联关系，发现*LINC01213*，*PGM5-AS1*，*LINC01133*和*LOC284578*共4个lncRNA与黑色素瘤的发生和转移显著相关，其中*LINC01213*，*LINC01133*和*LOC284578*的表达可被*BRAF*基因突变影响，而*PGM5-AS1*的表达能被*NRS*基因突变影响。预测这些lncRNA在黑色素瘤发生和转移中的作用，但这些lncRNA还未见相关研究报道，在黑色素瘤中的作用也还不明确，其功能需要进一步的研究证实。

祁海燕等（2017）通过RT-PCR、细胞划痕和侵袭试验研究了lncRNA *MT1JP*对葡萄膜黑色素瘤细胞迁移和侵袭的影响及机制。邓友辉（2015）将恶性黑色素瘤细胞系A375、A2058在1%氧浓度的环境下培养16 h，发现其中一个lncRNA *LSAT1*的表达量下降。在恶性黑色素瘤细胞系A375中过表达*LSAT1*，发现穿膜能力显著下降，说明*LSAT1*有抑制恶性黑色素细胞迁移和侵袭的生物学作用。唐莉华（2014）通过反转录PCR筛选出lncRNA *HOTAIR*与恶性黑色素瘤的侵袭和转移相关，并通过划痕试验、侵袭试验以及原位酶谱试验充分证实了lncRNA *HOTAR*能促进恶性黑色素瘤的侵袭和转移。

众多研究表明lncRNA参与了皮肤发育、毛发生长、皮肤疾病等，其作用机制可能还需要进一步的研究。目前对lncRNA的研究还处于起步阶段，尤其是lncRNA功能验证。

第五节　RNA互作网络的研究

一、circRNA-miRNA-mRNA 互作网络

相比miRNA，circRNA的研究才刚起步，circRNA虽然不具开环结构，但是其上有一个或多个miRNA结合序列，根据其上序列选择性地与miRNA结合发挥生物学作用，此时的circRNA被形象地称为miRNA的“海绵”。这是目前研究较多的一个方向。

Xi等（2016）通过构建circRNA-miRNA-mRNA互作网络探讨分析了非酒精性脂肪性肝炎（nonalcoholic steatohepatitis，NASH）可能的发病机制。在对mRNA的KEGG通路分析中，发现相关的甘油脂代谢、TRP通道炎症介质调节降低等均在NASH进展中发挥重要作用。这些发现为NASH的研究提供了新的线索，也为circRNA-miRNA互作的研究提供了一个方向。Lin等（2018）通过对肝细胞癌circRNA-miRNA-mRNA网络的GO和KEGG分析，发现其中有参与细胞增殖、细胞周期和p53信号通路等癌变过程，而其中3个排名靠前的circRNAs（*hsa-circ-00078279*，*hsa-circ-0007456*，*hsa-circ-0004913*）相关网络被认为与肝癌的发病密切相关。除此之外，在其他的一些疾病和生物进程中，如胃癌（Cheng et al.，2018）、肝癌（Xiong et al.，2018）、甲状腺癌（Liu et al.，2019）、破骨细胞的分化（Chen，2019）、脑膜炎（Fan，2019）、急性髓外白血病

（Lv，2018）中circRNA-miRNA-mRNA互作网络都起到了重要作用。通过互作网络的分析，可以找到关键的致病和致癌通路，寻找到异常表达的因子，为后续疾病的治疗奠定基础。

二、lncRNA-miRNA-mRNA 互作网络

lncRNA已经被证实在表观遗传、细胞周期和细胞分化调控等众多生命活动中发挥重要作用。lncRNA长度可达上千个碱基，这样就能大量吸附结合miRNA，与下游mRNA形成竞争关系。

Chen等（2019）利用线性模型对未分化的脂肪细胞和脂肪源性干细胞进行了lncRNA和miRNA的分析，并构建了ceRNA网络和蛋白质互作网络，通过比较发现两个网络共享的5个lncRNA和32个基因，筛选出3个与脂肪源性干细胞分化相关的新lncRNA，可能通过充当ceRNA或与其靶蛋白共同表达参与脂肪形成。Sun（2019）通过分析炎症性肠病中lncRNA-miRNA-mRNA的互作，发现3个lncRNA、15个miRNA和138个mRNA是炎症性肠病的潜在介质。GO分析发现与之关系密切的过程有免疫反应、脂多糖反应和炎症反应等，为炎症性肠炎的研究与治疗提供了新思路。Luo（2019）在胰腺癌中通过互作网络发现并鉴定了可与*miR-33b*结合的lncRNA *DANCR*，证明了*DANCR*作为*miR-33b*的海绵，对胰腺癌细胞中下游基因*MMP16*的表达有积极的作用，为胰腺癌的治疗提供了新的靶点。

对于疾病来说，早期的诊断和预防尤为重要。因此准确有效的诊断标志物的鉴定意义重大。小RNA作为一种新兴的诊断标志物，其效果还有待进一步研究。RNA互作网络中涉及的一些lncRNA、circRNA和miRNA存在已经被鉴定的，同时也有未被鉴定和研究的RNA，但是总的来说circRNA-miRNA-mRNA为疾病治疗提供了一个新的方向。

第二章　小鼠皮肤组织ncRNA高通量测序

皮肤发育是一个复杂的、多因素的过程。近年来，得到了越来越多的关注；研究皮肤和胚胎发育及其分化、调控相关因素，对临床治疗具有重要意义。成黑素细胞是胚胎发育过程中由神经嵴细胞产生的。在小鼠胚胎第8.5～9.5 d，在躯干区域发现成黑素细胞（Pla et al.，2001；Thomas and Erickson，2008）。从胚胎10.5 d开始，成黑素细胞开始沿着外胚层和体细胞背面之间的背外侧迁移。在胚胎11.5 d时，成黑素细胞开始进入表皮（Wehrle-Haller and Weston，1995）。然后，在胚胎期15.5～16.5 d，一部分成簇的成黑素细胞进入正在发育的毛囊，另一部分成黑素细胞位于真皮和表皮的交界处。成黑素细胞的迁移依赖于一系列旁分泌相互作用（Luciani et al.，2011）。所以基于要研究小鼠皮肤发育及色素沉着的ncRNA，我们根据小鼠皮肤发育和色素细胞形成及成熟的关键时期，选取了两个时间段，两个颜色。白色和黑色小鼠的皮肤组织，选取的时间段为胚胎期15 d，该时期成黑素细胞进入表皮并且进入正在发育的毛囊；另一个时间点是出生后7 d，在孕期16 d到生后第7 d初级毛囊密度呈现平稳增长。次级毛囊从18 d胚胎期开始出现到生后第7 d，密度增长最为迅速（王博等，2007）。

本章主要研究的是小鼠皮肤组织的non-coding RNAs（ncRNAs），ncRNA作为转录后基因表达调控因子的作用，越来越受到人们的重视。ncRNAs包括microRNA（miRNA）、long non-coding RNA（lncRNA）、circular RNA（circRNA）、piwiRNA（piRNA）等。

许多ncRNA的功能是未知的，它们以前被认为是转录冗余产物。最近的研究表明，它们具有许多功能，包括表观遗传修饰，转录和翻译调控，以及吸附RNA和作为蛋白支架。

然而，关于ncRNA在皮肤中与黑素细胞相关功能的报道较少，其在色素沉着中的作用尚不清楚。在这里，我们使用RNA测序（RNA-seq）来分析小鼠不同毛色及不同发育阶段皮肤中ncRNA的差异表达。

第一节　mRNA及lncRNA文库构建及测序

一、主要材料与方法

（一）试验动物及样品采集

C57BL6及ICR小鼠购自北京海淀兴旺实验动物养殖场，6周龄，体重12 ~ 22 g，SPF级别。试验所用小鼠均在山西农业大学动物房饲养。在无特殊病原体环境下饲养，自由进食SPF级颗粒饲料及饮水。

分别选取6只C57BL6雌性和雄性小鼠以1：1配对比例进行配对，6只ICR雌性和雄性小鼠以1：1配对比例进行配对，用于繁殖试验所需新生小鼠。妊娠时间以检测阴道栓塞当天中午为胚胎第1 d计算。待胚胎期第15 d和出生后第7 d取小鼠背部皮肤组织置于液氮中进行下一步试验。

（二）方法

1. 总RNA的提取

从-80℃冰箱中取出样品组织，对样品组织进行研磨后收集于1.5 mL无菌EP管中，Trizol法提取总RNA，-80℃保存。

2. 总RNA完整性和浓度的检测

用核酸蛋白测定仪检测总RNA的浓度和纯度，要求OD_{260}/OD_{280}在1.8～2.0。电泳检测总RNA完整性。

3. mRNA及lncRNA文库构建并测序

对检测合格的总RNA样品用epicentre Ribo-ZeroTM试剂盒去除样品rRNA；之后加入Fragmentation Buffer将rRNA-depleted RNA随机打断；以rRNA-depleted RNA为模板，用六碱基随机引物（random hexamers）合成第一条cDNA链，然后加入缓冲液、dATP、dUTP、dCTP、dGTP、RNase H和DNA polymerase I合成第二条cDNA链，利用AMPure XP beads纯化cDNA；纯化的双链cDNA再进行末端修复、加A并连接测序接头，然后用AMPure XP beads进行片段大小选择；最后降解含U链，通过PCR富集得到lncRNA和mRNA的cDNA文库，使用Illumina HiSeq2500平台对文库进行高通量测序。

（三）数据分析

1. 质量控制

首先通过内部脚本处理fastq格式的原始数据，所有的下游分析都是基于高质量的Clean data。

2. mRNA分析

为了解mRNA的降解情况，对mRNA进行片段化随机检验，mRNA片段化后的插入片段大小选择，是从mRNA序列中独立随机地抽取子序列，mRNA数目越大、打断方式和时间控制得越合适，目的RNA每个部分被抽取到的可能性就越接近，mRNA片段化随机性越高，mRNA上覆盖的Reads越均匀。通过Mapped Reads在各mRNA转录本上的位置分布，模拟mRNA片段化结果，检验mRNA片段化的随机程度。如果mRNA存在严重降解，被降解的碱基序列不能被测序，即无Reads比对上。因此，通过查看Mapped reads在mRNA转录本上的位置分布可了解mRNA的降解情况。

3. lncRNA分析

转录组使用Cufflinks进行组装，并使用Scripture映射到参考基因组。利用氨基长度和外显子数阈值对推测的蛋白编码RNA进行过滤。选择长度超过200 nt、外显子数超过2个的转录本作为lncRNA候选基因，利用具有区分蛋白编码基因和非编码基因能力的CPC/CNCI/Pfam进一步筛选。采用cuffcompare法选择不同类型的lncRNA，包括lncRNA、introniclncRNA、反义lncRNA。

4. 基因表达水平的量化

使用Cuffdiff（v2.1.1）计算每个样本中lncRNA和编码基因的FPKMs（Trapnell et al. 2013）。计算各组转录本的FPKMs总和，计算基因FPKMs。FPKM表示每百万映射的外显子的每千位碱基的片段，根据片段的长度计算，并读取映射到该片段的计数。

5. 差异表达分析

使用DESeq R包（1.10.1）对两种情况/组进行差异表达分析。使用Benjamini-Hochberg的校正方法来控制错误发现率，调整得到的*P*值。将DESeq检测到的$P<0.05$的基因和|FC|>2的绝对值赋值为差异表达。使用“A vs B”命名差异表达基因集，并对差异基因进行GO分析。

二、结果

（一）mRNA分析结果

1. mRNA的序列组装与量化结果

对Raw Data进行数据过滤，去除含有接头的Reads；去除低质量的Reads（包括去除N的比例大于10%的Reads；去除质量值Q≤10的碱基数占整条Read的50%以上的Reads）。经过上述一系列的质量控制之后得到的高质量的Clean data，将Clean data与指定的参考基因组进行序列比对，获得Mapped data（表2-1）。

表 2-1　Clean data 与参考基因组比对结果统计表

Sample Name	Total Reads	Mapped Reads	Uniq Mapped Reads	Multiple Mapped Reads	Reads Map to(+)	Reads Map to(−)
L13	162450292	137 647 990（84.73%）	113 571 821（82.51%）	24 076 169（17.49%）	70 979 969（43.69%）	66 668 021（41.04%）
L14	154285352	130 068 340（84.30%）	109 550 844（84.23%）	20 517 496（15.77%）	67 132 574（43.51%）	62 935 766（40.79%）
L15	123183032	103 048 788（83.66%）	90 160 880（87.49%）	12 887 908（12.51%）	53 850 699（43.72%）	49 198 089（39.94%）
L16	108740790	91 368 800（84.02%）	73 827 499（80.80%）	17 541 301（19.20%）	47 181 170（43.39%）	44 187 630（40.64%）
L17	134754060	113 338 968（84.11%）	928 31 203（81.91%）	20 507 765（18.09%）	58 614 895（43.50%）	54 724 073（40.61%）
L18	107454504	93 430 367（86.95%）	79 165 524（84.73%）	14 264 843（15.27%）	48 211 867（44.87%）	45 218 500（42.08%）
L19	134037898	108 135 029（80.67%）	85 793 661（79.34%）	22 341 368（20.66%）	56 200 029（41.93%）	51 935 000（38.75%）
L20	144667956	119 619 474（82.69%）	99 755 845（83.39%）	19 863 629（16.61%）	62 424 869（43.15%）	57 194 605（39.54%）
L21	111918810	92 082 694（82.28%）	74 149 839（80.53%）	17 932 855（19.47%）	47 998 981（42.89%）	44 083 713（39.39%）
L22	109894380	84 547 831（76.94%）	74 036 080（87.57%）	10 511 751（12.43%）	43 980 191（40.02%）	40 567 640（36.92%）
L23	109338498	91 380 603（83.58%）	72 259 674（79.08%）	19 120 929（20.92%）	47 622 685（43.56%）	43 757 918（40.02%）
L24	129558692	102 422 948（79.06%）	84 145 562（82.15%）	18 277 386（17.85%）	53 611 229（41.38%）	48 811 719（37.68%）

注：Total Reads：Clean Reads数目，按单端计；Mapped Reads：比对到参考基因组上的Reads数目及在Clean Reads中占的百分比；Uniq Mapped Reads：比对到参考基因组唯一位置的Reads数目及在Clean Reads中占的百分比；Multiple Mapped Reads：比对到参考基因组多个位置的数目及在Clean Reads中占的百分比；Reads Map to（+）：比对到参考基因组正链的Reads数目及在Clean Reads中占的百分比。Reads Map to（−）：比对到参考基因组负链的Reads数目及在Clean Reads中占的百分比。

2. mRNA片段化随机性检验

通过查看Mapped reads在mRNA转录本上的位置分布可了解mRNA的降解情况。样品Mapped Reads在mRNA转录本上的位置分布如图2-1。图中反映的是所有mRNA各个区间内的Mapped reads比例的汇总。由图可知测序样品良好，数据可靠。

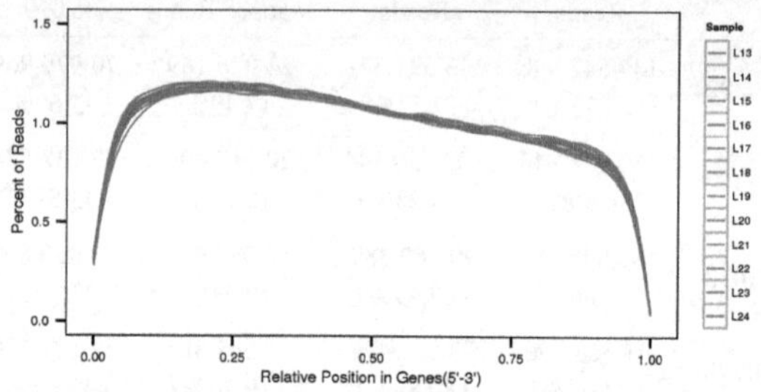

图2-1　Mapped reads在mRNA上的位置分布图

3. mRNA的差异基因分析结果

对各组数据进行统计并进行韦恩图绘制，用于直观得到基因表达的整体情况（图2-2）。

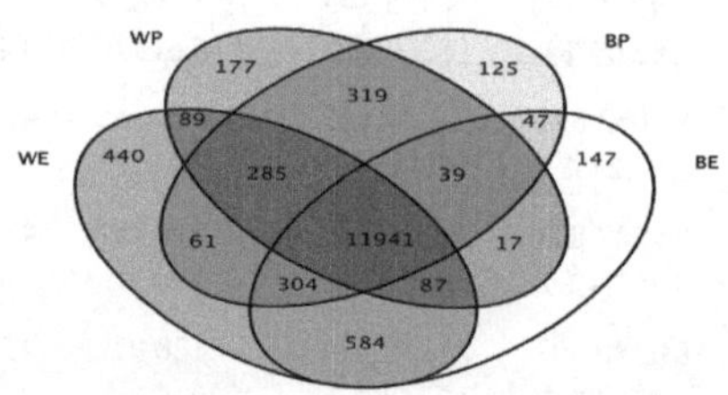

WE 代表白色小鼠胚胎期第 15 d；WP 代表白色小鼠出生后第 7 d；
BE 代表黑色小鼠胚胎期第 15 d；BP 代表黑色小鼠出生后第 7 d

图2-2　小鼠各时期表达量及其交互情况

4. mRNA差异基因GO分析结果

四组样品进行差异分析，主要分为BE vs BP、BE vs WE、WE

vs WP、BP vs WP，为了获得显著差异的基因，本研究参照Audic等研究的算法，设定条件为：$P<0.05$，FDR<0.05，|FC|>2。

（1）BE vs BP差异表达基因筛选及GO功能注释分析。通过对深度测序结果进行分析，对这些数据进行差异，分析设定条件|FC|>2，$P<0.05$。mRNA中的差异表达基因共3 549个，将筛选到的差异基因作GO（Gene Ontology）功能显著性富集分析。GO结果显示，BE与BP组之间的差异基因共富集到55个GO项目，包括生物学过程22项，细胞组分16项，分子功能17项（图2-3）。

（2）BE vs WE差异表达基因筛选及GO功能注释分析。通过对深度测序结果进行分析，对这些数据进行差异分析，设定条件|FC|>2，$P<0.05$。mRNA中的差异表达基因共132个，将筛选到的差异基因作GO（Gene Ontology）功能显著性富集分析。GO结果显示，BE与WE组之间的差异基因共富集到44个GO项目，包括生物学过程18项，细胞组分15项，分子功能11项（图2-4）。

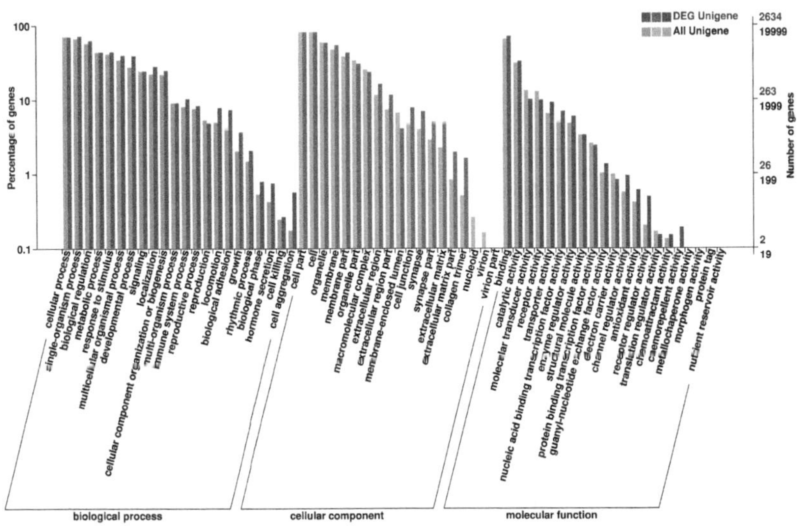

图2-3　mRNA BE vs BP GO分析

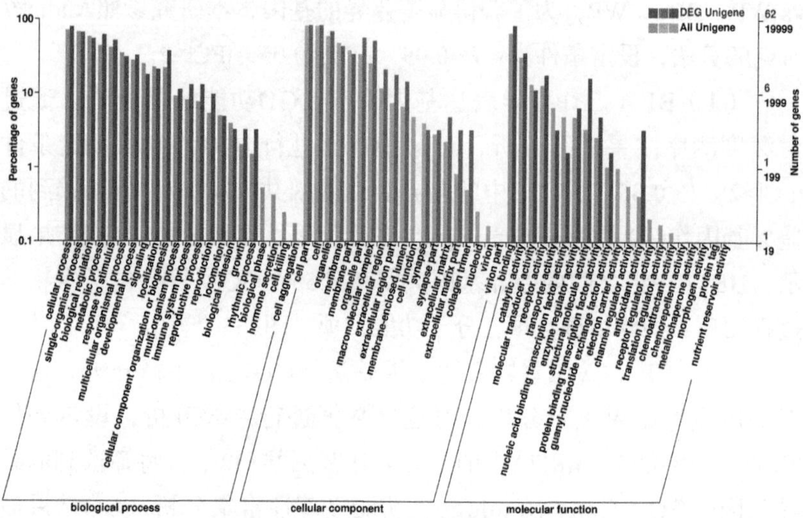

图2-4　mRNA BE vs WE GO分析

（3）WE vs WP差异表达基因筛选及GO功能注释分析。通过对深度测序结果进行分析，对这些数据进行差异分析，设定条件|FC|>2，*P*<0.05。mRNA中的差异表达基因共2 878个，将筛选到的差异基因作GO（Gene Ontology）功能显著性富集分析。GO结果显示，WP与WE组之间的差异基因共富集到54个GO项目，包括生物学过程22项，细胞组分16项，分子功能16项（图2-5）。

（4）BP vs WP差异表达基因筛选及GO功能注释分析。通过对深度测序结果进行分析，对这些数据进行差异分析，设定条件|FC|>2，*P*<0.05。mRNA中的差异表达基因共368个，将筛选到的差异基因作GO（Gene Ontology）功能显著性富集分析。GO结果显示，WP与BP组之间的差异基因共富集到55个GO项目，包括生物学过程21项，细胞组分19项，分子功能15项（图2-6）。

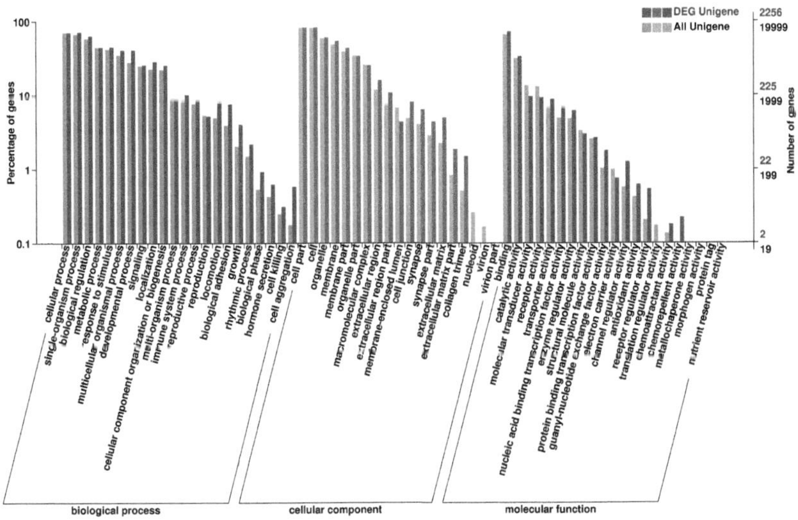

图2-5　mRNA WE vs WP GO分析

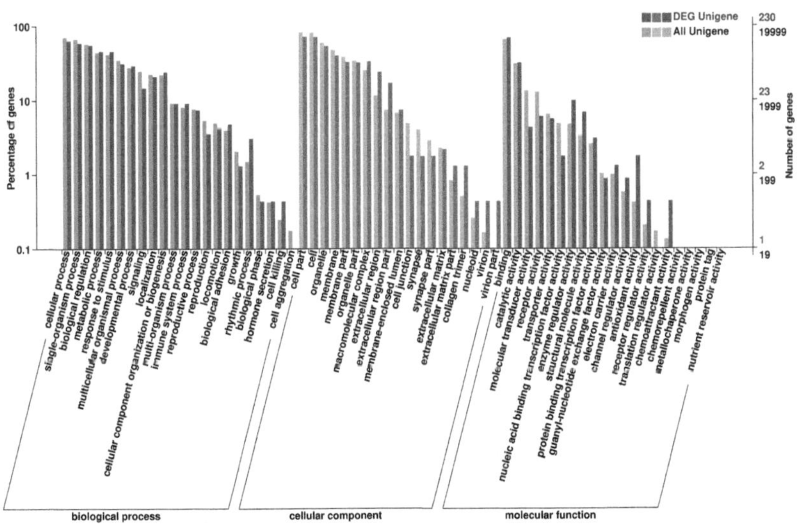

图2-6　mRNA BP vs WP GO分析

（二）lncRNA的差异基因分析结果

1. lncRNA的序列组装与量化结果

对Raw Data进行数据过滤，去除含有接头的Reads；去除低质量的Reads（包括去除N的比例大于10%的Reads；去除质量值Q≤10的碱基数占整条Read的50%以上的Reads）。经过上述一系列的质量控制之后得到的高质量的Clean data。将Clean data与指定的参考基因组进行序列比对，获得Mapped data（表2-2）。

表 2-2　Clean data 与参考基因组比对结果统计表

BMK-ID	Total Reads	Mapped Reads	Uniq Mapped Reads	Multiple Mapped Reads	Reads Map to（+）	Reads Map to（-）
L13	162450292	137 647 990（84.73%）	113 571 821（82.51%）	24 076 169（17.49%）	70 979 969（43.69%）	66 668 021（41.04%）
L14	154285352	130 068 340（84.30%）	109 550 844（84.23%）	20 517 496（15.77%）	67 132 574（43.51%）	62 935 766（40.79%）
L15	123183032	103 048 788（83.66%）	90 160 880（87.49%）	12 887 908（12.51%）	53 850 699（43.72%）	49 198 089（39.94%）
L16	108740790	91 368 800（84.02%）	73 827 499（80.80%）	17 541 301（19.20%）	47 181 170（43.39%）	44 187 630（40.64%）
L17	134754060	113 338 968（84.11%）	92 831 203（81.91%）	20 507 765（18.09%）	58 614 895（43.50%）	54 724 073（40.61%）
L18	107454504	93 430 367（86.95%）	79 165 524（84.73%）	14 264 843（15.27%）	48 211 867（44.87%）	45 218 500（42.08%）
L19	134037898	108 135 029（80.67%）	85 793 661（79.34%）	22 341 368（20.66%）	56 200 029（41.93%）	51 935 000（38.75%）
L20	144667956	119 619 474（82.69%）	99 755 845（83.39%）	19 863 629（16.61%）	62 424 869（43.15%）	57 194 605（39.54%）
L21	111918810	92 082 694（82.28%）	74 149 839（80.53%）	17 932 855（19.47%）	47 998 981（42.89%）	44 083 713（39.39%）
L22	109894380	84 547 831（76.94%）	74 036 080（87.57%）	10 511 751（12.43%）	43 980 191（40.02%）	40 567 640（36.92%）

（续表）

BMK-ID	Total Reads	Mapped Reads	Uniq Mapped Reads	Multiple Mapped Reads	Reads Map to(+)	Reads Map to(-)
L23	109338498	91 380 603 (83.58%)	72 259 674 (79.08%)	19 120 929 (20.92%)	47 622 685 (43.56%)	43 757 918 (40.02%)
L24	129558692	102 422 948 (79.06%)	84 145 562 (82.15%)	18 277 386 (17.85%)	53 611 229 (41.38%)	48 811 719 (37.68%)

注：BMK-ID：百迈客对样品的统一编号；Total Reads：Clean Reads数目，按单端计；Mapped Reads：比对到参考基因组上的Reads数目及在Clean Reads中占的百分比；Uniq Mapped Reads：比对到参考基因组唯一位置的Reads数目及在Clean Reads中占的百分比；Multiple Mapped Reads：比对到参考基因组多个位置的数目及在Clean Reads中占的百分比；Reads Map to（+）：比对到参考基因组正链的Reads数目及在Clean Reads中占的百分比。Reads Map to（-）：比对到参考基因组负链的Reads数目及在Clean Reads中占的百分比。

2. lncRNA的差异基因分析结果

对各组数据进行统计并进行韦恩图绘制用于直观得到基因表达整体情况，见图2-7。

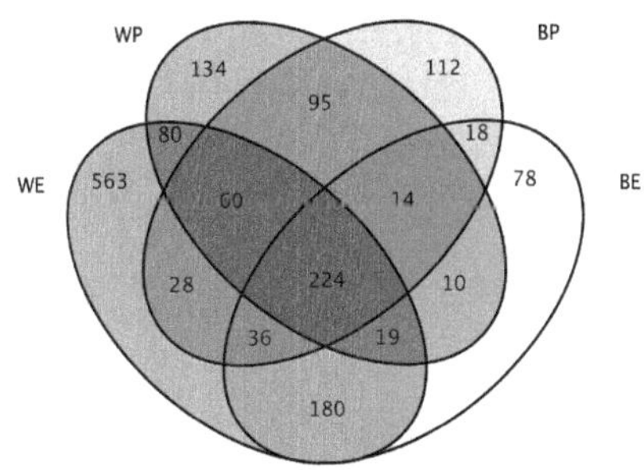

WE 代表白色小鼠胚胎期第 15 d；WP 代表白色小鼠出生后第 7 d；BE 代表黑色小鼠胚胎期第 15 d；BP 代表黑色小鼠出生后第 7 d

图2-7　小鼠各时期lncRNA表达量及其交互情况

3. lncRNA差异基因GO分析结果

四组样品进行差异分析，主要分为BE vs BP、BE vs WE、WE

vs WP、BP vs WP，为了获得显著差异的基因，本研究参照Audic等研究发现的算法，设定条件为：$P<0.05$，FDR<0.05，|FC|>2。

（1）BE vs BP差异表达基因筛选及GO功能注释分析。通过对深度测序结果进行分析，对这些数据进行差异分析，设定条件|FC|>2，$P<0.05$。lncRNA中的差异表达基因共600个，将筛选到的差异基因作GO（Gene Ontology）功能显著性富集分析。GO结果显示，BE与BP组之间的差异基因共富集到44个GO项目，包括生物学过程20项，细胞组分13项，分子功能11项（图2-8）。

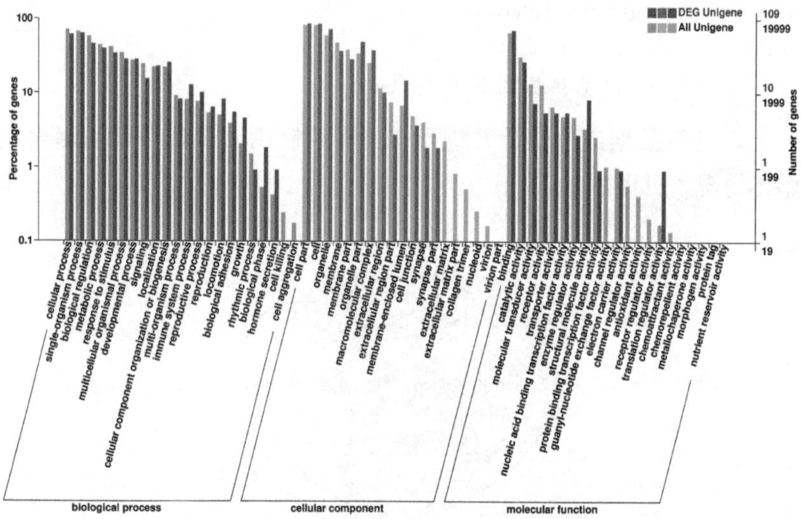

图2-8 lncRNA BE vs BP GO分析

（2）BE vs WE差异表达基因筛选及GO功能注释分析。通过对深度测序结果进行分析，对这些数据进行差异分析，设定条件|FC|>2，$P<0.05$。lncRNA中差异表达的基因共230个，将筛选到的差异基因作GO（Gene Ontology）功能显著性富集分析。GO结果显示BE与WE组之间的差异基因共富集到33个GO项目，包括生物学过程

16项，细胞组分11项，分子功能6项（图2-9）。

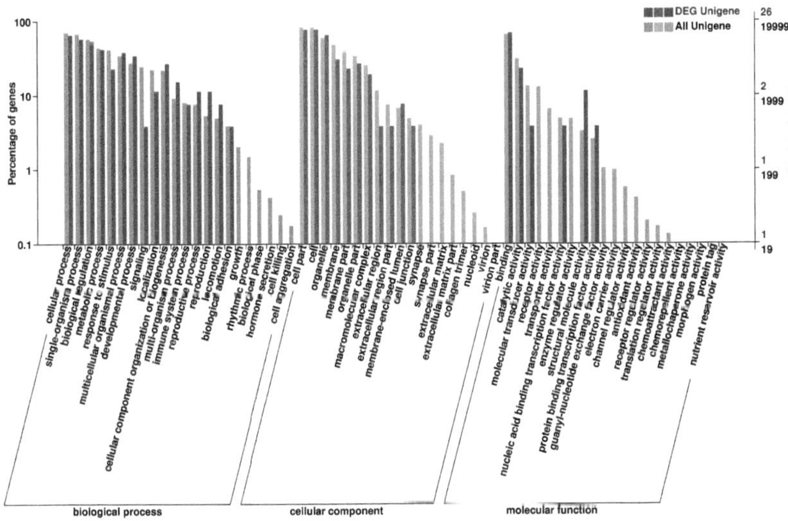

图2-9　lncRNA BE vs WE GO分析

（3）WE vs WP差异表达基因筛选及GO功能注释分析。通过对深度测序结果进行分析，对这些数据进行差异分析，设定条件$|FC|>2$，$P<0.05$。lncRNA中的差异表达基因共813个，将筛选到的差异基因作GO（Gene Ontology）功能显著性富集分析。GO结果显示，WP与WE组之间的差异基因共富集到42个GO项目，包括生物学过程19项，细胞组分14项，分子功能9项（图2-10）。

（4）BP vs WP差异表达基因筛选及GO功能注释分析。通过对深度测序结果进行分析，对这些数据进行差异分析，设定条件$|FC|>2$，$P<0.05$。lncRNA中差异表达的基因共315个，将筛选到的差异基因作GO（Gene Ontology）功能显著性富集分析。GO结果显示，WP与BP组之间的差异基因共富集到32个GO项目，包括生物学过程15项，细胞组分11项，分子功能6项（图2-11）。

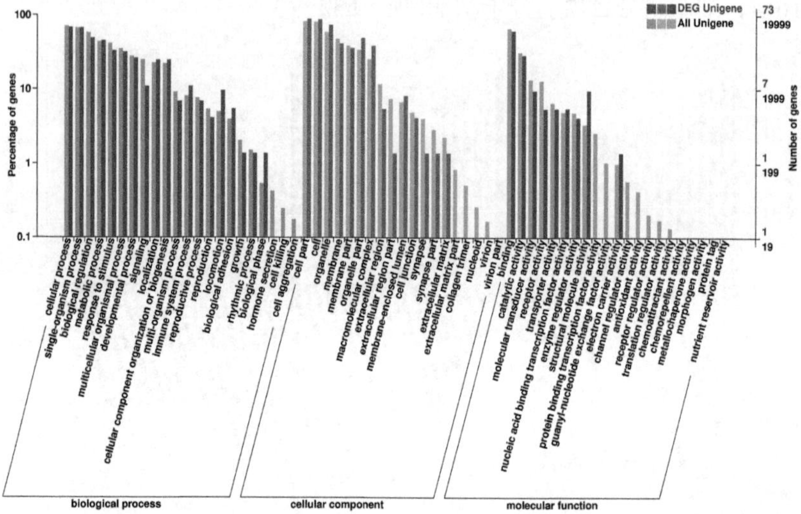

图2-10　lncRNA WE vs WP GO分析

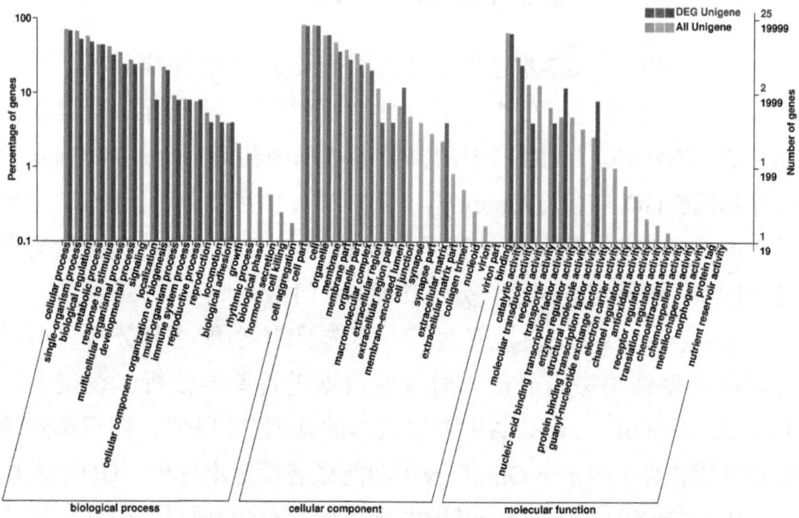

图2-11　lncRNA BP vs WP GO分析

三、小结

1. 对小鼠皮肤mRNA的测序与分析

文库经测序，四组样品（BE、BP、WP、WE）分别获得16 245 029，154 285 352，123 183 032；108 740 790，134 754 060，107 454 504；134 037 898，144 667 956，111 918 810；109 894 380，109 338 498，129 558 692个原始mRNA“reads”，经过过滤、装配、数据比对，分别比对到113 571 821，109 550 844，90 160 880；73 827 499，92 831 203，79 165 524；85 793 661，99 755 845，74 149 839；74 036 080，72 259 674，84 145 562个mRNA数目。对这些数据进行差异分析，分析设定条件|FC|>2，P<0.05。将筛选到的差异基因作GO（Gene Ontology）功能显著性富集分析。该分析首先对把所有表达基因向GO数据库（http://www.geneontology.org/）的各个term映射，计算每个term的基因数目，然后应用超几何检验，找出与整个基因组背景相比显著富集的GO条目。GO结果显示，BE与BP组之间的差异基因共富集到55个GO项目，包括生物学过程22项，细胞组分16项，分子功能17项。BE与WE组之间的差异基因共富集到44个GO项目，包括生物学过程18项，细胞组分15项，分子功能11项。WP与BP组之间的差异基因共富集到55个GO项目，包括生物学过程21项，细胞组分19项，分子功能15项。WP与WE组之间的差异基因共富集到54个GO项目，包括生物学过程22项，细胞组分16项，分子功能16项。

2. 对小鼠皮肤lncRNA的测序与分析

通过上述筛选后，将潜在编码能力转录本筛除，筛除分别通过CPC（Coding Potential Calculator）分析、CNCI（Coding-Non-Coding Index）分析、CPAT（Coding Potential Assessment Tool）分析、pfam蛋白结构域分析之后对分析结果取交集作为新预测的lncRNA。

lncRNA基本筛选条件主要为：选择长度≥200 bp，Exon个数≥2的转录本；选择FPKM≥0.1的转录本。筛除后的四组样品（BE、BP、WP、WE）分别进行差异分析，分析设定条件|FC|>2，*P*<0.05。将筛选到的差异基因作GO（Gene Ontology）功能显著性富集分析。GO结果显示，BE与BP组之间的差异基因共富集到44个GO项目，包括生物学过程20项，细胞组分13项，分子功能11项。BE与WE组之间的差异基因共富集到33个GO项目，包括生物学过程16项，细胞组分11项，分子功能6项。WP与BP组之间的差异基因共富集到32个GO项目，包括生物学过程15项，细胞组分11项，分子功能6项。WP与WE组之间的差异基因共富集到42个GO项目，包括生物学过程19项，细胞组分14项，分子功能9项。

第二节　circRNA文库构建及测序

circRNA作为一种内源性非编码RNA，广泛参与了早期胚胎发育、细胞增殖、细胞凋亡、细胞死亡和脂肪代谢等过程，目前circRNA在皮肤毛囊发育、形态发生、毛发周期等的研究还未见报道。本节选取了两个时间段，两个颜色。白色和黑色小鼠的皮肤组织对circRNA进行了测序及分析。

一、主要材料与方法

（一）试验动物及样品采集

C57BL6及ICR小鼠购自北京海淀兴旺实验动物养殖场，6周龄，体重12 ~ 22 g，SPF级别。试验所用小鼠均在山西农业大学动物房饲养。在无特殊病原体环境下饲养，自由进食SPF级颗粒饲料及饮水。

分别选取6只C57BL6雌性和雄性小鼠以1：1配对比例进行配对，6只ICR雌性和雄性小鼠以1：1配对比例进行配对，用于繁殖试验所需新生小鼠。妊娠时间以检测阴道栓塞当天中午为胚胎第1 d计算。待胚胎期第15 d和出生后第7 d取小鼠背部皮肤组织置于液氮中进行下一步试验。

（二）方法

1. 总RNA的提取

从-80℃冰箱中取出样品组织，对样品组织进行研磨后收集于1.5 mL无菌EP管中，Trizol法提取总RNA，-80℃保存。

2. 总RNA完整性和浓度的检测

用核酸蛋白测定仪检测总RNA的浓度和纯度，要求OD_{260}/OD_{280}在1.8～2.0之间。电泳检测总RNA完整性。

3. circRNA文库构建并测序

circRNA文库是根据Illumina公司NEBNext Ultra Small RNA Sample Library Preparation Kit的说明书构建的。用RNAse R酶消化线性RNA，用rRNA探针去除rRNA，随机打断circRNA。以片段化circRNA为模板，用六碱基随机引物随机合成第一链，然后合成cDNA第二链。采用AMPure XP珠粒纯化circRNA。通过T4 DNA聚合酶和Klenow DNA聚合酶修复DNA末端，在3' 端加入poly（A）尾进行测序，然后使用AMPure XP珠子进行大小片段选择，用User酶降解含有U的cDNA第二链。最后，通过PCR扩增circRNA文库。使用Illumina HiSeq2500平台对文库进行高通量测序。

4. 数据分析

（1）质量控制。对Raw data进行数据过滤，去除其中的接头序列及低质量Reads。同时计算干净数据的Q20、Q30、GC含量和序列重复水平。所有的下游分析都是基于高质量的Clean data。

（2）circRNA分析。将Clean data与指定的参考基因组进行序列比对，将比对到不同染色体上Reads进行位置分布统计circRNA结合位点与circRNA基因来源，将与参考基因组进行序列比对获得的数据称为Mapped data。统计Mapped reads在指定的参考基因组不同区域（外显子、内含子和基因间区）的数目，绘制基因组不同区域上各样品Mapped reads的分布直方图基于Mapped data，进行插入片段长度检验、随机性检验等测序文库质量评估，CIRI预测circRNA。

（3）基因表达水平的量化。使用Cuffdiff（v2.1.1）计算每个样本中lncRNA和编码基因的FPKMs（Trapnell et al. 2013）。计算各组转录本的FPKMs总和，计算基因FPKMs。FPKM表示每百万映射的外显子的每千位碱基的片段，根据片段的长度计算，并读取映射到该片段的计数。

（4）差异表达分析。使用DESeq R包（1.10.1）对两种情况/组进行差异表达分析。使用Benjamini-Hochberg的校正方法来控制错误发现率，调整得到的P值。将DESeq检测到的$P<0.05$的基因和$|FC|>2$的绝对值赋值为差异表达。使用“A vs B”命名差异表达基因集，并对差异基因进行GO和KEGG富集分析。

二、结果

（一）circRNA的序列组装与量化结果

对数据进行一系列质量控制之后得到的高质量的Clean data。将Clean data与指定的参考基因组进行序列比对，获得Mapped data（表2-3）。

表 2-3　Clean data 与参考基因组比对结果统计表

BMK-ID	Total Reads	Mapped Reads	Uniq Map Reads	Multiple Map Reads	Reads Map to (+)	Reads Map to (−)
T13	162 450 292	162 241 284 (99.87%)	128 509 643 (79.11%)	33 731 641 (20.76%)	78 391 956 (48.26%)	78 210 852 (48.14%)
T14	154 285 352	154 039 014 (99.84%)	124 099 665 (80.44%)	29 939 349 (19.41%)	74 177 013 (48.08%)	73 722 459 (47.78%)
T15	123 183 032	123 038 298 (99.88%)	103 818 379 (84.28%)	19 219 919 (15.60%)	59 301 783 (48.14%)	59 065 970 (47.95%)
T16	108 740 790	108 624 298 (99.89%)	84 943 709 (78.12%)	23 680 589 (21.78%)	52 355 074 (48.15%)	52 572 614 (48.35%)
T17	134 754 060	134 516 394 (99.82%)	106 088 242 (78.73%)	28 428 152 (21.10%)	64 730 801 (48.04%)	64 724 168 (48.03%)
T18	107 454 504	107 316 404 (99.87%)	87 498 489 (81.43%)	19 817 915 (18.44%)	51 956 344 (48.35%)	51 979 198 (48.37%)
T19	134 037 898	133 861 188 (99.87%)	103 928 799 (77.54%)	29 932 389 (22.33%)	64 606 554 (48.20%)	64 872 462 (48.40%)
T20	144 667 956	144 392 964 (99.81%)	116 417 679 (80.47%)	27 975 285 (19.34%)	69 812 914 (48.26%)	69 894 145 (48.31%)
T21	111 918 810	111 805 952 (99.90%)	87 752 092 (78.41%)	24 053 860 (21.49%)	54 054 735 (48.30%)	54 141 155 (48.38%)
T22	109 894 380	109 626 438 (99.76%)	91 617 878 (83.37%)	18 008 560 (16.39%)	52 284 561 (47.58%)	52 006 991 (47.32%)
T23	109 338 498	109 281 836 (99.95%)	84 062 282 (76.88%)	25 219 554 (23.07%)	53 058 333 (48.53%)	53 093 142 (48.56%)
T24	129 558 692	129 468 204 (99.93%)	102 258 752 (78.93%)	27 209 452 (21.00%)	62 030 585 (47.88%)	61 935 880 (47.81%)

注：BMK-ID：百迈客对样品的统一编号；Total Reads：Clean Reads数目，按单端计；Mapped Reads：比对到参考基因组上的Reads数目及在Clean Reads中占的百分比；Uniq Mapped Reads：比对到参考基因组唯一位置的Reads数目及在Clean Reads中占的百分比；Multiple Map Reads：比对到参考基因组多处位置的Reads数目及在Clean Reads中占的百分比；Reads Map to（+）：比对到参考基因组正链的Reads数目及在Clean Reads中占的百分比；Reads Map to（-）：比对到参考基因组负链的Reads数目及在Clean Reads中占的百分比。

（二）circRNA的差异基因分析结果

对各组数据进行统计并进行韦恩图绘制用于直观得到基因表达的整体情况，见图2-12。

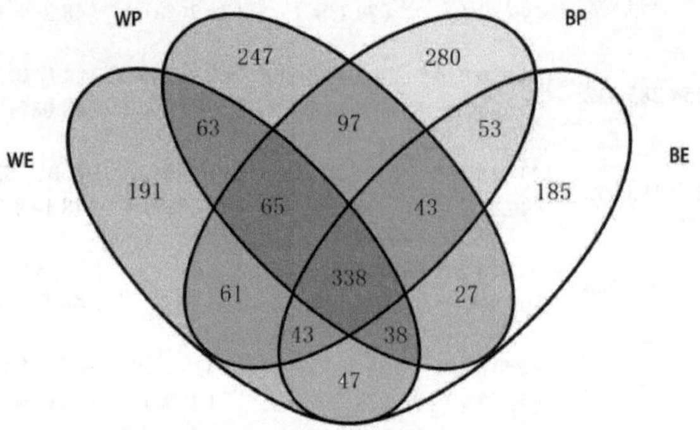

WE 代表白色小鼠胚胎期第 15 d；WP 代表白色小鼠出生后第 7 d；BE 代表黑色小鼠胚胎期第 15 d；BP 代表黑色小鼠出生后第 7 d

图2-12　小鼠各时期circRNA表达量及其交互情况

（三）circRNA差异基因GO分析结果

四组样品进行差异分析，主要分为BE vs BP、BE vs WE、WE vs WP、BP vs WP，为了获得显著差异的基因，本研究参照Audic等研究的算法，设定条件为：$P<0.05$，FDR<0.05，|FC|>2。

1. BE vs BP差异表达基因筛选及GO功能注释分析

通过对深度测序结果进行分析，对这些数据进行差异，分析设定条件|FC|≥2，$P<0.05$。circRNA中的差异表达的基因共50个，将筛选到的差异基因作GO（Gene Ontology）功能显著性富集分析。GO结果显示，BE与BP组之间的差异基因共富集到39个GO项目，包括生物学过程17项，细胞组分11项，分子功能11项（图2-13）。

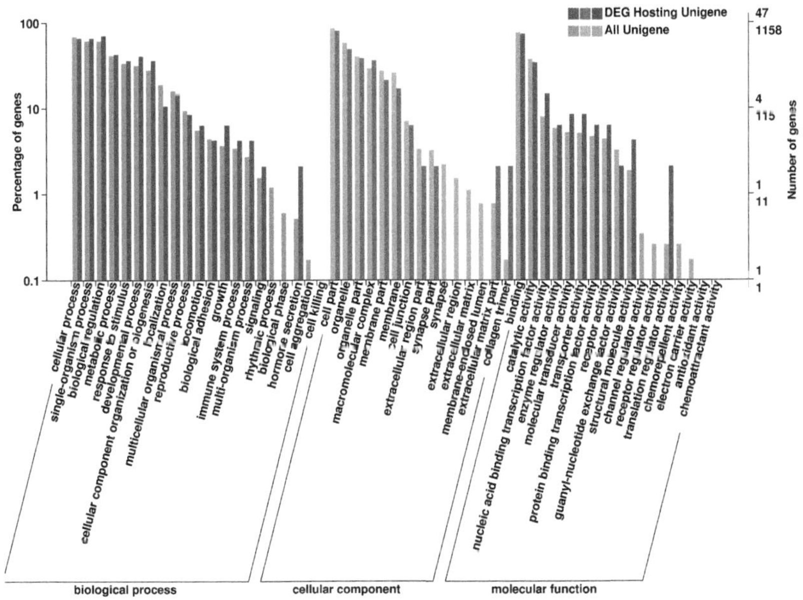

图2-13　circRNA BE vs BP GO分析

2. BE vs WE差异表达基因筛选及GO功能注释分析

通过对深度测序结果进行分析，对这些数据进行差异，分析设定条件|FC|>2，P<0.05。circRNA中的差异表达基因共38个，将筛选到的差异基因作GO（Gene Ontology）功能显著性富集分析。GO结果显示，BE与WE组之间的差异基因共富集到35个GO项目，包括生物学过程14项，细胞组分11项，分子功能10项（图2-14）。

3. WE vs WP差异表达基因筛选及GO功能注释分析

通过对深度测序结果进行分析，对这些数据进行差异，分析设定条件|FC|>2，P<0.05。circRNA中的差异表达基因共54个，将筛选到的差异基因作GO（Gene Ontology）功能显著性富集分析。GO结

果显示，WP与WE组之间的差异基因共富集到36个GO项目，包括生物学过程17项，细胞组分9项，分子功能10项（图2-15）。

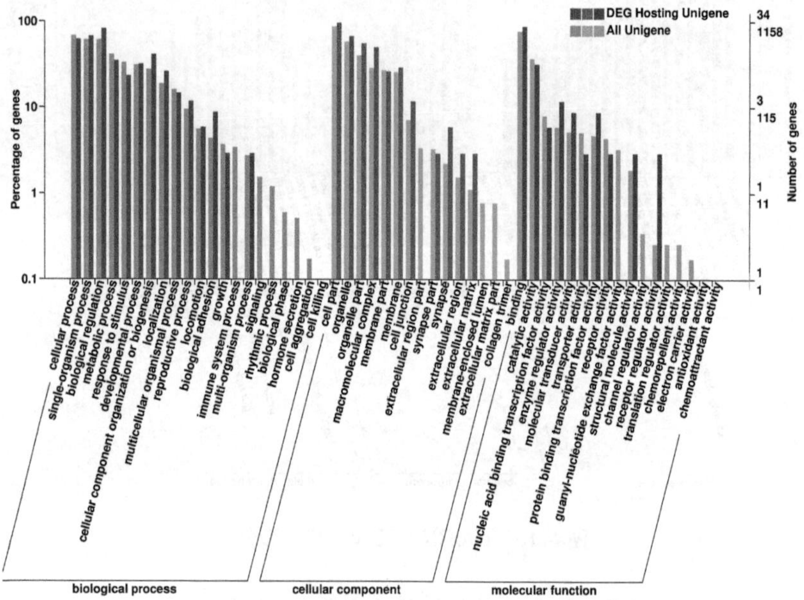

图2-14　circRNA BE vs WE GO分析

4. BP vs WP差异表达基因筛选及GO功能注释分析

通过对深度测序结果进行分析，对这些数据进行差异，分析设定条件|FC|>2，P<0.05。circRNA中的差异表达基因共43个，将筛选到的差异基因作GO（Gene Ontology）功能显著性富集分析。GO结果显示，WP与BP组之间的差异基因共富集到34个GO项目，包括生物学过程16项，细胞组分10项，分子功能8项（图2-16）。

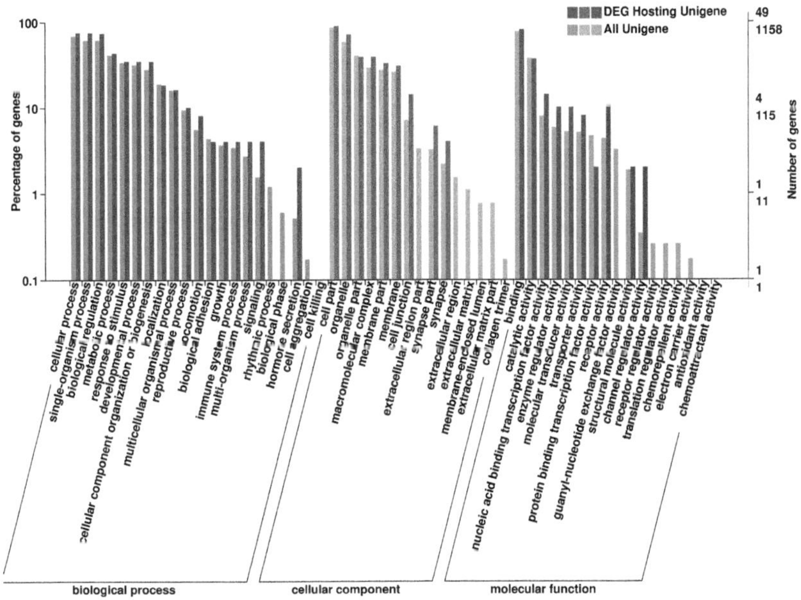

图2-15　circRNA WE vs WP GO分析

三、小结

（一）对小鼠皮肤circRNA的测序

经测序，四组样品（BE、BP、WP、WE）分别获得162 450 292，154 285 352，123 183 032；108 740 790，134 754 060，107 454 504；134 037 898，144 667 956，111 918 810；109 894 380，109 338 498，129 558 692个原始“reads”，经过过滤、装配、数据比对，分别比对到162 241 284，154 039 014，123 038 298；108 624 298，134 516 394，107 316 404；133 861 188，144 392 964，111 805 952；109 626 438，109 281 836，129 468 204个circRNA。

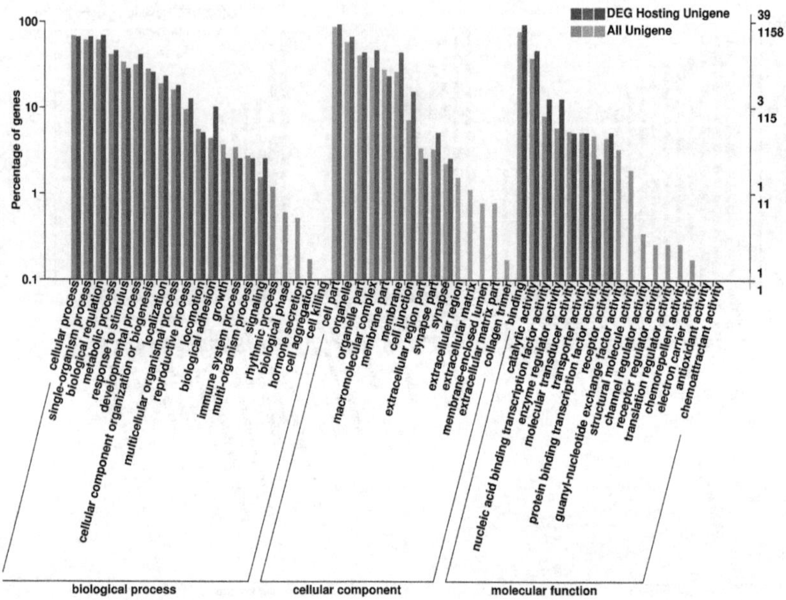

图2-16　circRNA BP vs WP GO分析

（二）对小鼠皮肤circRNA的分析

对这些数据进行差异，分析设定条件|FC|>2，P<0.05。将筛选到的差异基因作GO（Gene Ontology）功能显著性富集分析。该分析首先对把所有表达基因向GO数据库（http://www.geneontology.org/）的各个term映射，计算每个term的基因数目，然后应用超几何检验，找出与整个基因组背景相比显著富集的GO条目。GO结果显示，BE与BP组之间的差异基因共富集到39个GO项目，包括生物学过程17项，细胞组分11项，分子功能11项。BE与WE组之间的差异基因共富集到35个GO项目，包括生物学过程14项，细胞组分11项，分子功能10项。WP与BP组之间的差异基因共富集到34个GO项目，包括生

物学过程16项，细胞组分10项，分子功能8项。WP与WE组之间的差异基因共富集到36个GO项目，包括生物学过程17项，细胞组分9项，分子功能10项。通过对差异基因的分析，进一步缩小筛选调控小鼠毛色及免疫、发育等方面的基因。

第三节　miRNA文库构建及测序

一、主要材料与方法

（一）试验动物及样品采集

C57BL6及ICR小鼠购自北京海淀兴旺实验动物养殖场，6周龄，体重12～22 g，SPF级别。试验所用小鼠均在山西农业大学动物房饲养。在无特殊病原体环境下饲养，自由进食SPF级颗粒饲料及饮水。

分别选取6只C57BL6雌性和雄性小鼠以1：1配对比例进行配对，6只ICR雌性和雄性小鼠以1：1配对比例进行配对，用于繁殖试验所需新生小鼠。妊娠时间以检测阴道栓塞当天中午为胚胎第1 d计算。待胚胎期第15 d和出生后第7 d取小鼠背部皮肤组织置于液氮中进行下一步试验。

（二）方法

1. 总RNA的提取

从−80℃冰箱中取出样品组织，对样品组织进行研磨后收集于1.5 mL无菌EP管中，Trizol法提取总RNA，−80℃保存。

2. 总RNA完整性和浓度的检测

用核酸蛋白测定仪检测总RNA的浓度和纯度，要求OD_{260}/OD_{280}在1.8～2.0之间。电泳检测总RNA完整性。

3. miRNA文库构建并测序

样品检测合格后，以1.5 μg的量作为总RNA样本起始量，用水补充体积至6 μL，使用small RNA Sample Pre Kit试剂盒进行文库构建。由于small RNA的5' 端有磷酸基团，3' 端有羟基，利用T4 RNA Ligase 1和T4 RNA Ligase 2（truncated）分别在small RNA 3' 端和5' 端连接上接头，反转录合成cDNA，PCR扩增，采用胶分离技术筛选目的片段，切胶回收得到的片段即为small RNA文库。文库构建完成后，使用Qubit 2.0对文库的浓度进行检测，将文库浓度稀释至1 ng/μL，使用Agilent 2100 bioanalyzer对Insert Size进行检测，使用qRT-PCR方法对文库的有效浓度进行准确定量，以保证文库质量。使用Illumina HiSeq2500平台对文库进行高通量测序。

4. 数据分析

（1）质量控制。fastq格式的原始数据首先通过内部脚本进行处理。对于每个样本，将质量值低的序列去掉，在这个步骤中，通过删除包含ploy-N的read以及从原始数据中读取的低质量的读操作来获得clean data。通过去除小于18 nt或大于30 nt的序列，对reads进行修剪和清除，同时计算干净数据的Q20、Q30、GC-content和序列重复水平。所有的下游分析都是基于高质量的clean data。

（2）miRNA分析。miRNA转录起始位点多位于基因间隔区、内含子以及编码序列的反向互补序列上，其前体具有标志性的发夹结构，成熟体的形成是由Dicer/DCL酶的剪切实现的。针对miRNA的生物特征，对于比对到参考基因组的序列，利用miRDeep2软件进行已知及新的miRNA鉴定。miRDeep2软件是一款已知miRNA鉴定和新

miRNA预测的综合软件包，通过将reads比对到基因组上得到可能的前体序列，基于reads在前体序列上的分布信息及前体结构能量信息（RNAfold randfold）采用贝叶斯模型打分鉴定miRNA。miRDeep2主要用于动物miRNA的预测，通过参数的调整及打分系统可以对动物的miRNA进行预测。并通过与miRBase中已知miRNA的比较来预测新的miRNA。Randfold tools soft被用于新的miRNA二级结构预测。

（3）基因表达水平的量化。使用Cuffdiff（v2.1.1）计算每个样本中lncRNA和编码基因的FPKMs（Trapnell et al. 2013）。计算各组转录本的FPKMs总和，计算基因FPKMs。FPKM表示每百万映射的外显子的每千位碱基的片段，根据片段的长度计算，并读取映射到该片段的计数。

（4）差异表达分析。使用DESeq R包（1.10.1）对两种情况/组进行差异表达分析。使用Benjamini-Hochberg的校正方法来控制错误发现率，调整得到的*P*值。将DESeq检测到的$P<0.05$的基因和$|FC|>2$的绝对值赋值为差异表达。使用“A vs B”命名差异表达基因集，并对差异基因进行GO和KEGG富集分析。

二、结果

（一）miRNA的序列组装与量化结果

对Raw data进行数据过滤，去除含有接头的Reads；去除低质量的Reads（包括去除N的比例大于10%的Reads；去除质量值Q≤10的碱基数占整条Read的50%以上的Reads）。经过上述一系列的质量控制之后得到的高质量的Clean data。将Clean Data与指定的参考基因组进行序列比对，获得Mapped data（表2-4）。

表 2-4　Clean data 与参考基因组比对结果统计表

BMK-ID	Total Reads	Mapped Reads	Mapped reads（+）	Mapped reads（-）
S13	11 499 137	6 853 691	4 381 202	2 472 489
S14	17 876 760	10 915 907	7 202 926	3 712 981
S16	20 542 469	13 076 279	7 794 078	5 282 201
S17	21 371 977	13 474 228	8 417 964	5 056 264
S18	18 737 301	12 216 317	7 164 171	5 052 146
S19	19 141 106	11 637 612	7 080 521	4 557 091
S20	24 822 000	15 524 207	10 168 925	5 355 282
S21	28 907 708	19 087 198	12 140 376	6 946 822
S22	17 243 738	10 203 958	6 756 424	3 447 534
S23	20 834 307	13 582 226	8 164 589	5 417 637
S24	18 425 187	12 203 042	7 334 496	4 868 546

注：BMK-ID：百迈客编号；Total reads：未被注释的用于与参考基因组比对的reads数目；Mapped reads：比对到参考基因组的Clean Reads；Mapped reads（+）：比对正链上的Clean Reads数目；Mapped reads（-）：比对到负链上的Clean Reads数目。

（二）miRNA的差异基因分析结果

对各组数据进行统计并进行韦恩图绘制，用于直观得到基因表达的整体情况（图2-17）。

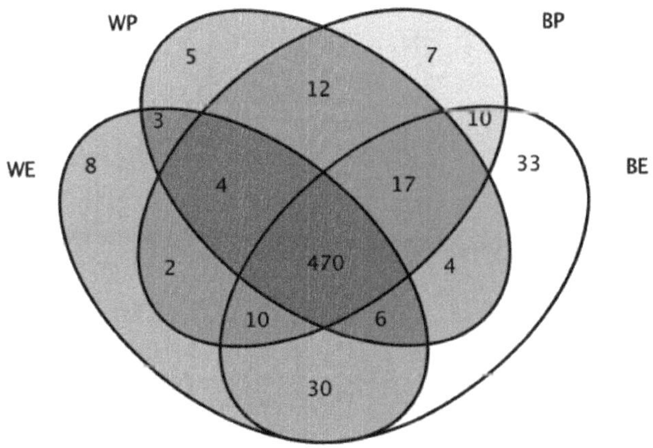

WE 代表白色小鼠胚胎期第 15 d；WP 代表白色小鼠出生后第 7 d；
BE 代表黑色小鼠胚胎期第 15 d；BP 代表黑色小鼠出生后第 7 d

图2-17　小鼠各时期miRNA表达量及其交互情况

（三）miRNA差异基因GO分析结果

四组样品进行差异分析，主要分为BE vs BP、BE vs WE、WE vs WP、BP vs WP，为了获得显著差异的基因，本研究参照Audic等研究的算法，设定条件为：$P<0.05$，$FDR<0.05$，$|FC|>2$。

1. BE vs BP差异表达基因筛选及GO功能注释分析

通过对深度测序结果进行分析，对这些数据进行差异分析，设定条件$|FC|>2$，$P<0.05$。miRNA中的差异表达基因共206个，将筛选到的差异基因作GO（Gene Ontology）功能显著性富集分析。GO结果显示，BE与BP组之间的差异基因共富集到54个GO项目，包括生物学过程21项，细胞组分18项，分子功能15项（图2-18）。

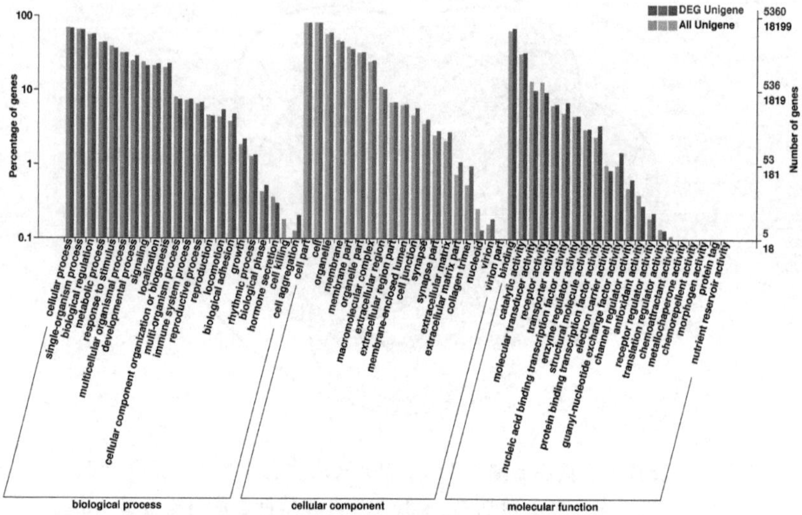

图2-18　miRNA BE vs BP GO分析

2. BE vs WE差异表达基因筛选及GO功能注释分析

通过对深度测序结果进行分析，对这些数据进行差异分析，设定条件|FC|>2，P<0.05。miRNA中的差异表达基因共3个，将筛选到的差异基因作GO（Gene Ontology）功能显著性富集分析。GO结果显示，BE与WE组之间的差异基因共富集到48个GO项目，包括生物学过程18项，细胞组分16项，分子功能14项（图2-19）。

3. WE vs WP差异表达基因筛选及GO功能注释分析

通过对深度测序结果进行分析，对这些数据进行差异分析，设定条件|FC|>2，P<0.05。miRNA中的差异表达基因共183个，将筛选到的差异基因作GO（Gene Ontology）功能显著性富集分析。GO结果显示，WP与WE组之间的差异基因共富集到56个GO项目，包括生物学过程22项，细胞组分18项，分子功能16项（图2-20）。

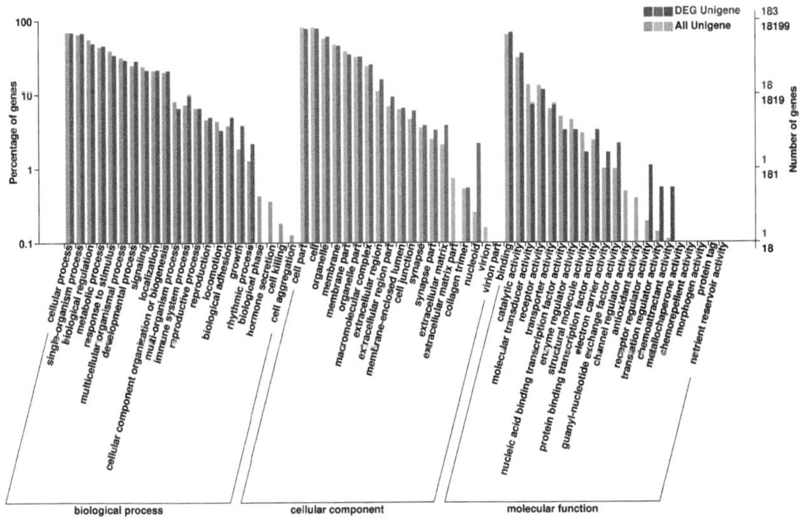

图2-19　miRNA BE vs WE GO分析

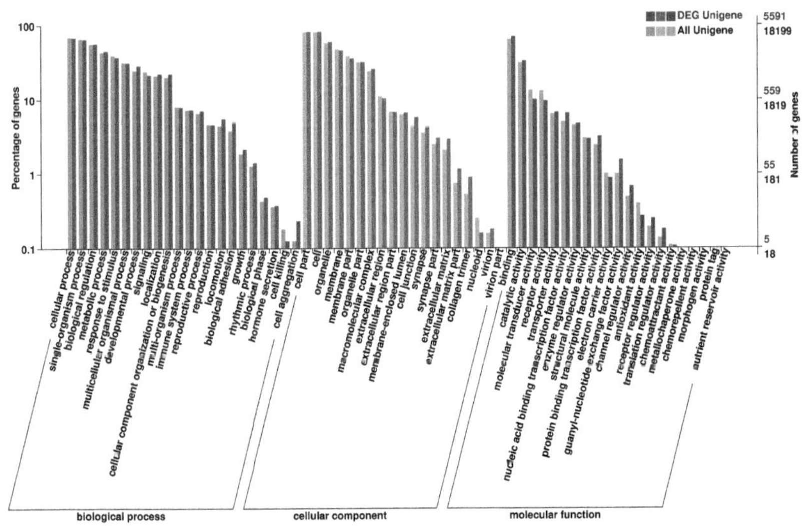

图2-20　miRNA WE vs WP GO分析

4. BP vs WP差异表达基因筛选及GO功能注释分析

通过对深度测序结果进行分析，对这些数据进行差异分析，设定条件|FC|>2，$P<0.05$。miRNA中的差异表达基因共14个，将筛选到的差异基因作GO（Gene Ontology）功能显著性富集分析。GO结果显示，WP与BP组之间的差异基因共富集到54个GO项目，包括生物学过程21项，细胞组分17项，分子功能16项（图2-21）。

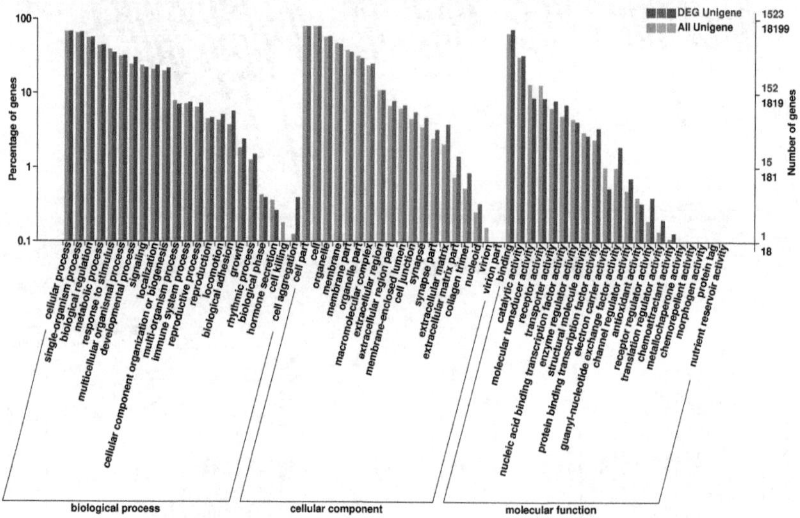

图2-21　miRNA BP vs WP GO分析

三、小结

（一）对小鼠皮肤miRNA的测序

文库构建完成后，使用Qubit 2.0对文库的浓度进行检测，将文库浓度稀释至1 ng/μL，使用Agilent 2100 bioanalyzer对Insert Size进行检测，使用qRT-PCR方法对文库的有效浓度进行准确定量，以保证文库质量。经测序，四组样品（BE、BP、WP、WE）分别获得16 892 345，25 866 522；26 653 536，24 978 992，22 382 215；29 035 477，29 790 315，31 774 612；30 825 170，25 809 002，21 068 700个原始“reads”，经过过滤、去接头后得到6 853 691，10 915 907；13 076 279，13 474 228，12 216 317；11 637 612，15 524 207，19 087 198；10 203 958，13 582 226，12 203 042个miRNA。

（二）对小鼠皮肤miRNA的分析

对这些数据进行差异分析，设定条件|FC|>2，$P<0.05$。将筛选到的差异基因作GO（Gene Ontology）功能显著性富集分析。GO结果显示，BE与BP组之间的差异基因共富集到54个GO项目，包括生物学过程21项，细胞组分18项，分子功能15项。BE与WE组之间的差异基因共富集到48个GO项目，包括生物学过程18项，细胞组分16项，分子功能14项。WP与BP组之间的差异基因共富集到54个GO项目，包括生物学过程21项，细胞组分17项，分子功能16项。WP与WE组之间的差异基因共富集到56个GO项目，包括生物学过程22项，细胞组分18项，分子功能16项。通过对差异基因的分析，进一步缩小筛选调控小鼠毛色及免疫、发育等方面的基因。

四、讨论

miRNA作为一种内源性非编码RNA，存在于真核生物中，具有广泛的基因调节功能，人类约有30%的基因受到miRNA的调控。其中一个miRNA可以调控多个靶基因，也可以多个miRNA调控一个靶基因。miRNA可参与生命过程中的一系列重要进程，包括早期胚胎发育、细胞增殖、细胞凋亡、细胞死亡和脂肪代谢等。miRNA

在皮肤的发育过程中起到很大作用。*miRNA-200*和*miRNA-19/20*家族在表皮中大量表达，而*miRNA-199*家族在毛囊中高度表达，且结果表明这些miRNA家族可能具有组织特异性（Yi et al.，2006）。*miRNA-203*能够在转录后水平抑制p63的表达（Koster et al.，2004），缺少*p63*的小鼠没有表皮，鳞状上皮或上皮附件（Mills et al.，1999）。*p63*对于上皮分层的启动和基底层中成熟角质形成细胞的增殖潜力至关重要，在皮肤形态发生中发挥着特定作用。*miR-25*能够通过抑制羊驼黑素细胞中*MITF*的表达抑制色素的形成（Zhu et al.，2010）。*miRNA-434-5p*通过靶向抑制酪氨酸抑制色素生成（Wu et al.，2008）。关于miRNA对于皮肤发育、色素沉着和疾病的研究目前越来越多，但仍需要大量的实验研究证明miRNA的具体调节功能。本研究中发现在两种被毛颜色两个不同时期的小鼠共同表达的miRNA有470个，差异表达的有151个。白色被毛的小鼠皮肤组织在两个生长阶段共同表达的miRNA有483个，差异表达的有88个，仅在胚胎期表达的有50个，仅在出生后表达的有38个。黑色被毛小鼠皮肤组织在两个阶段共同表达的miRNA有507个，仅在胚胎期表达的有73个，仅在出生后表达的有25个。可以证明miRNA在不同阶段，不同被毛颜色中存在着差异表达，表明了miRNA在皮肤发育中起着重要作用。对于这些差异的miRNA具体功能，我们还需要做进一步的验证性试验证明其具体功能。

第三章　构建circRNA调控小鼠毛色发育的ceRNA网络

circRNA作为内源性竞争RNA，与细胞中的mRNA竞争性结合细胞质中的miRNA，作为“海绵”RNA，干扰基因的表达。目前，研究最多的是*ciRS-7*，其作为*miR-7*的“海绵”吸附体，通过募集*miR-7*间接调控多种癌相关信号转导通路中主要的致癌基因，使致癌基因下调，从而发挥抑癌作用（李培飞等，2014）。Jens等人研究发现小脑退行性相关蛋白基因1（CDR1）的circRNA分子（*CDR1as-ciRS-7*）广泛存在于人和小鼠的大脑，包含73个保守的*miR-7*靶位点，从而抑制*miR-7*与靶基因CDR1的结合，发挥microRNA“海绵”效应（Memczak et al.，2013）。作为内源性竞争RNA（ceRNA），circRNA在细胞内的表达量高，且具有比一般ceRNA更稳定的结构以及更多microRNA结合位点，因此能够更高效快速的结合更多的miRNA，是一种极为重要的内源性竞争RNA（ceRNA）。

为了探索circRNA在色素沉着通路中的潜在作用，并识别哪些circRNA对调节色素沉着至关重要，本试验利用深度测序技术检测了小鼠黑色皮肤和白色皮肤中差异表达的circRNA谱，通过对黑色小鼠皮肤和白色小鼠皮肤中circRNA的表达谱分析，构建了以circRNA为中心的ceRNA网络。

一、主要材料与方法

（一）试验动物及样品采集

C57BL6及ICR小鼠购自北京海淀兴旺实验动物养殖场，6周龄，体重12～22 g，SPF级别。试验所用小鼠均在山西农业大学动物房饲养。在无特殊病原体环境下饲养，自由进食SPF级颗粒饲料及饮水。

分别选取6只C57BL6雌性和雄性小鼠以1：1配对比例进行配对，6只ICR雌性和雄性小鼠以1：1配对比例进行配对，用于繁殖试验所需新生小鼠。妊娠时间以检测阴道栓塞当天中午为胚胎第1 d计算。待胚胎期第15 d和出生后第7 d取小鼠背部皮肤组织置于液氮中进行下一步试验。

（二）主要试剂

miRcute miRNA cDNA第一链合成试剂盒（天根，中国），miRcute miRNA荧光定量检测试剂盒（天根，中国）。

（三）方法

1. circRNA文库构件并测序

方法同本书第33页。

2. 荧光定量PCR

随机选择5个差异表达的circRNA，用miRcute miRNA第一链合成试剂盒进行验证，采用应用生物系统StepOne/StepOne Plus系统（美国life）。*18S*为内参基因。每个样本进行了3次重复，用于qRT-PCR的引物见表3-1。

3. GO和KEGG信号通路注释

依据DAVID基因注释工具（http://david.abcc.ncifcrf.gov/），利用

GO对circRNA差异表达基因进行分析。通路分析根据KEGG（Kyoto Encyclopedia of Genes and genome）数据库（http://www.genome.jp/kegg/）来分析差异表达的circRNA所涉及的相关重要通路。

表 3-1　circRNA 引物

Gene	Primer Sequence（5'-3'）	
CircKansl1l	F：AGAGGCTGTGGACTTGTTGA	R：TGGAAGGTAGGGCGTTTT
CircHdac4	F：GTTCAAAATGGCTCAAGATGTC	R：CTTCTCGTGGATTACTTGGTTT
CircRabep1	F：CAACAACTTACCTCGGAAACG	R：CGGGCAACAACAGGATGA
CircFxr2	F：TTTCTTCCATCTTTCCAACC	R：GAGGAGGAGCTTTCGTCTG
CircAdrn1	F：AGCAGGGTAGCATTGACATC	R：TCCGCACAGTAACAACAGG
18S	F：GTCCCCCAACTTCTTAGAG	R：CACCTACGGAAACCTTGTTAC

4. 统计数据

使用GraphPad Prism 5.0（GraphPad Software，La Jolla，CA）对不同组进行统计分析筛选DAVID注释到的功能和通路，条件为：P<0.05。使用R软件中的ggplot包对差异显著GOs和pathway作图。显著性水平设置为*代表P<0.05，**代表P<0.01，***代表P<0.001。

二、结果

（一）差异表达的circRNAs

对胚胎期黑色被毛和白色被毛、出生后黑色被毛和白色被毛的皮肤circRNA进行了分析。circRNA的热图如图3-1A所示，不同的circRNAs在胚胎期和出生后阶段的火山图（图3-1B，图3-1E）和维恩图（图3-2B）显示81个circRNAs表达有显著差异（|FC|>2.0，P<

0.05）。白色胚胎期与黑色胚胎期相比较，21个circRNA下调，17个circRNA上调。散点图如图3-1C，图3-1D所示。出生后黑色被毛皮肤与白色被毛皮肤相比，circRNAs有32个表达上调，11个下调。

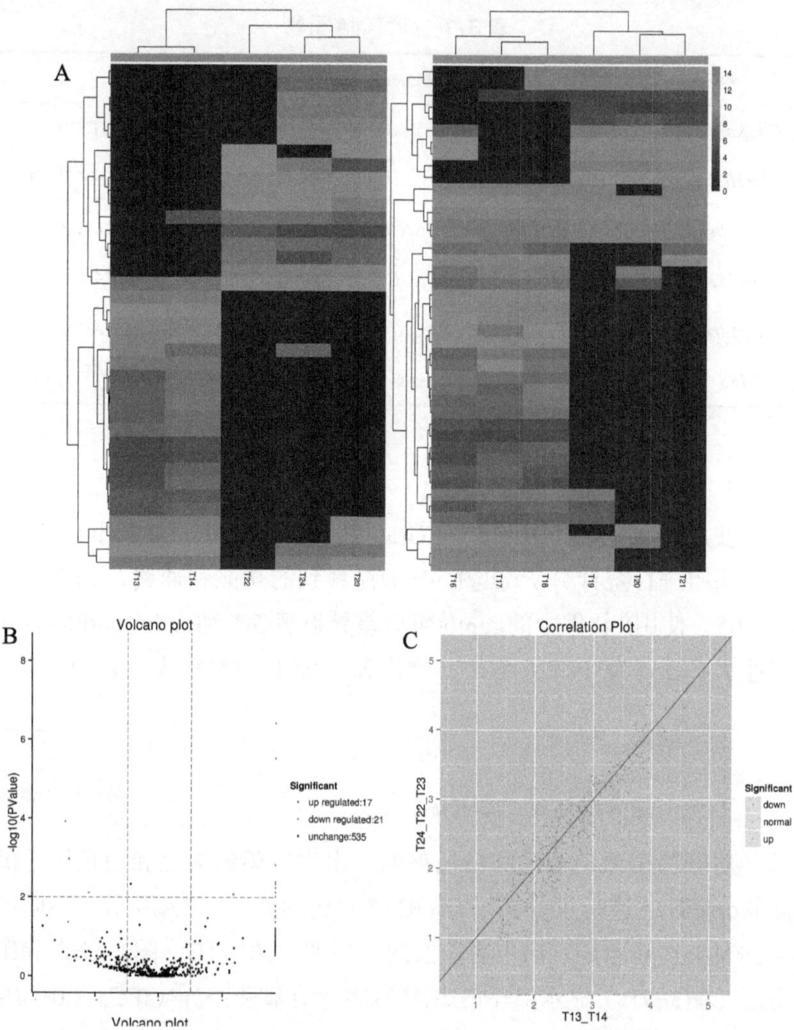

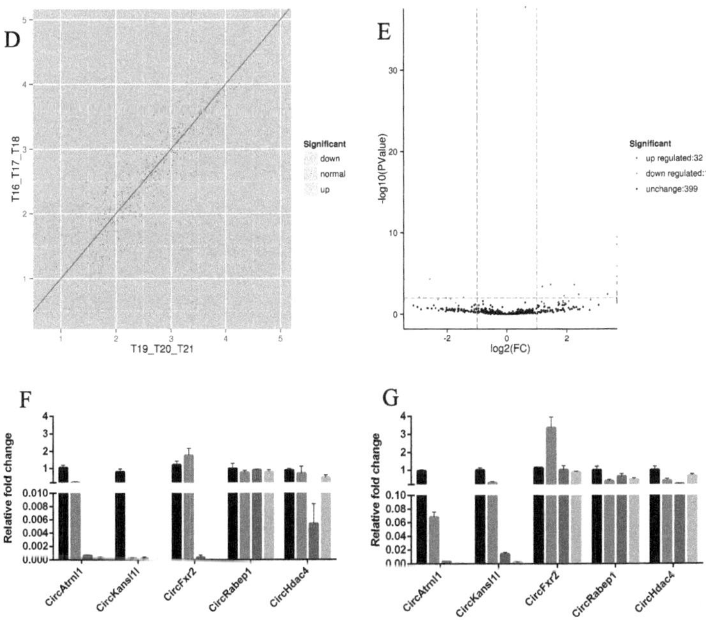

（A）差异 circRNA 的热图；（B）黑鼠与白鼠在胚胎期 15 d 时 circRNA 差异表达火山图，其中红点代表上调基因（|FC|>2，*P*<0.05），绿点代表下调基因（|FC|>2，*P*<0.05），黑点表示表达量不变的基因；（C）黑鼠与白鼠在胚胎期 15 d 时 circRNA 相关性图，在相关图中对黑色胚胎期（BE）和白色胚胎期（WE）中 circRNA 的表达进行两两比较。每个点表示一个 circRNA，落在行间的转录本为无差异表达，行外转录本为差异表达（|FC|>2，*P*<0.05），其中红点代表下调，绿点代表不变，蓝点代表上调；（D）黑鼠与白鼠在出生后 7 d 时的相关性图，在相关图中对 BP 和 WP 中 circRNA 的表达进行两两比较。每个点表示一个 circRNA，落在行间的转录本为无差异表达，行外转录本为差异表达基因（|FC|>2，*P*<0.05），其中红点代表下调，绿点代表不变，蓝点代表上调；（E）黑鼠与白鼠在出生后 7 d 时 circRNA 差异表达火山图，其中红点代表上调基因（|FC|>2，*P*<0.05），绿点代表下调基因，黑点表示表达量不变的基因；（F，G）*circAtrnl1*、*circKansl1l*、*circFxr2*、*circRabep1*、*circHdac4* 的相对表达水平与 RNA-seq 一致（相关研究已发表在《Experimental Dermatology》）

图3-1　circRNA在胚胎期15 d、出生后7 d黑色被毛和白色被毛皮肤中的表达谱

（二）circRNA表达量验证结果分析

用qRT-PCR对测序结果进行了验证。选择了*circAtrnl1*、*circKansl1 l*、*circFxr2*、*circRabep1*和*circHdac4*这5个表达显著差异，并且原始信号强的circRNA。如图3-1F，图3-1G所示，与黑色胚胎期和出生后相比，*circAtrnl1*和*circKansl1 l*在白色胚胎期和出生后表达量较高（$P<0.01$）。*circHdac4*的表达在黑色出生后比白色出生后表达高（$P<0.05$），*circFxr2*在黑色胚胎期比白色胚胎期表达高（$P<0.01$），qRT-PCR的验证结果与RNA测序结果一致，表明circRNA测序结果具有较高的可靠性。

（三）circRNA在染色体中的分析

进一步分析这些表达显著的circRNA所在染色体位置。这些circRNAs广泛分布于除性染色体外的所有染色体中。黑色和白色出生后的circRNAs主要分布在1号染色体（chr1）和2号染色体（chr2），见图3-2。

（四）circRNA靶基因的生物学功能

经GO富集分析结果表明，黑色和白色被毛皮肤在胚胎15 d和出生后7 d circRNA的不同靶基因在生物过程，细胞组成、分子功能和转录因子过程中起着重要作用。KEGG通路分析也显示BP与WP差异靶基因主要集中于Jack-STAT信号通路与SNARE相互作用（图3-3A），BE与WE中靶基因主要富集的是Wnt信号通路（图3-3C）。

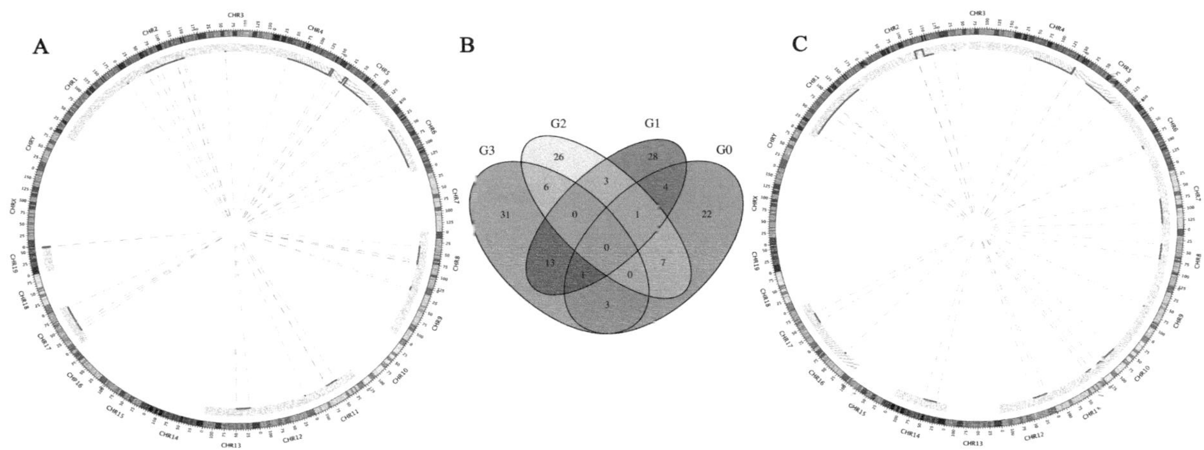

（A）BP 和 WP 的环状图。柱状图表示各个位置的 circRNA 的个数，热图表示每个样品的表达量分布，蓝色代表表达量 0 ~ 1；绿色代表表达量 1 ~ 10：橘色代表表达量 10 ~ 100：红色代表表达量 100–，热图由内向外依次表示 T13、T14、T16 等；（B）维恩图显示了在 BP 与 WP（G0）、BE 与 WE（G1）、BP 与 BW（G2）和 WP 与 WE（G3）中检测到的差异 circRNA 的数量：（C）BE 和 WE 的环状图，T16（BE1），T17（BE2），T18（WE1），T19（WE2），T20（WE3），相关研究已发表在《Experimental Dermatology》

图3–2　胚胎期和出生后小鼠皮肤中circRNA的染色体位置及差异circRNA的Venn图

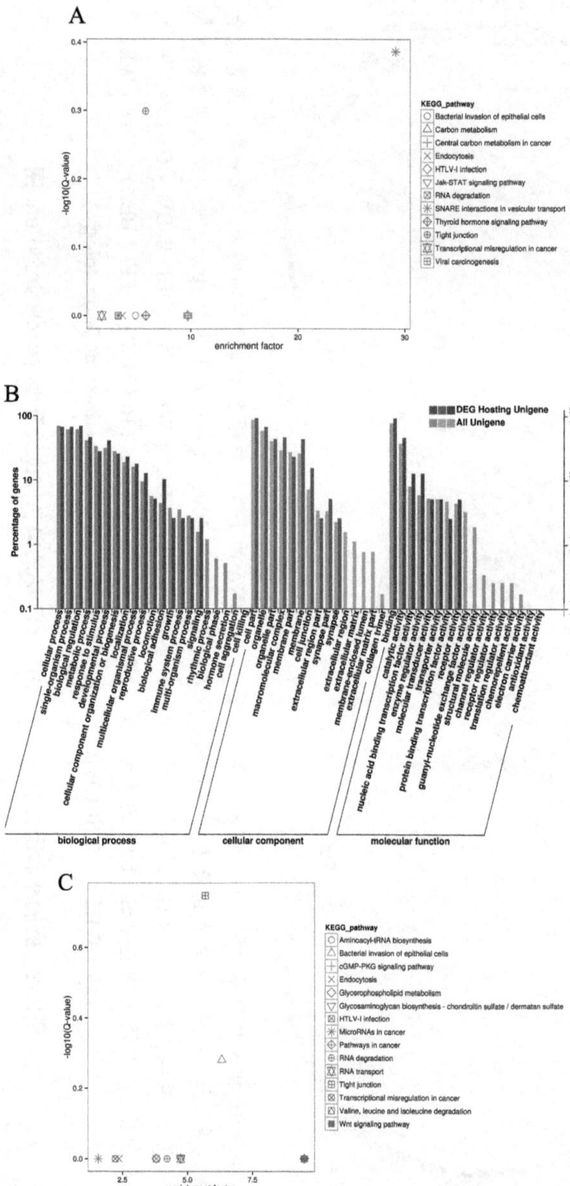
A
-log10(Q-value)
enrichment factor
KEGG_pathway
Bacterial invasion of epithelial cells
Carbon metabolism
Central carbon metabolism in cancer
Endocytosis
HTLV-I infection
Jak-STAT signaling pathway
RNA degradation
SNARE interactions in vesicular transport
Thyroid hormone signaling pathway
Tight junction
Transcriptional misregulation in cancer
Viral carcinogenesis
B
DEG Hosting Unigene
All Unigene
Percentage of genes
Number of genes
biological process
cellular component
molecular function
C
-log10(Q-value)
enrichment factor
KEGG_pathway
Aminoacyl-tRNA biosynthesis
Bacterial invasion of epithelial cells
cGMP-PKG signaling pathway
Endocytosis
Glycerophospholipid metabolism
Glycosaminoglycan biosynthesis - chondroitin sulfate / dermatan sulfate
HTLV-I infection
MicroRNAs in cancer
Pathways in cancer
RNA degradation
RNA transport
Tight junction
Transcriptional misregulation in cancer
Valine, leucine and isoleucine degradation
Wnt signaling pathway

D

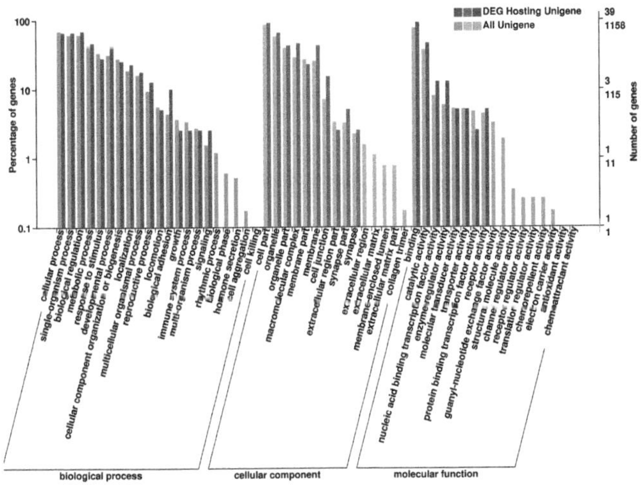

（A）BP 与 WP 差异 circRNA 靶基因 KEGG 富集图。图中的每个图表示一个 KEGG 通路路径，路径名称显示在右侧图例中。X 轴表示富集水平，表示 circRNA 靶基因与总基因数的比值，两者都标注在通路上。Y 轴为 -log10（Q 值），其中 Q 值为修正多重假设检验后的 P 值。纵坐标越大表示富集到的通路可信度越高。（B）GO 分析 BP 与 WP 之间的显著差异 circRNA 靶基因。X 轴表示 GO 分类。左边的 Y 轴代表基因数量的百分比；右边的 Y 轴代表基因的数量。红色的柱表示生物过程，绿色的柱表示细胞成分，蓝色的柱表示分子功能。（C）BE 与 WE 差异 circRNA 靶基因 KEGG 通路富集图。（D）GO 分析 BE 与 WE 之间的差异 circRNA 靶基因（相关研究已发表在《Experimental Dermatology》

图3-3　差异基因功能分析

（五）circRNA-miRNA-mRNA网络图的构建

根据ceRNA假说，这种基因表达调控模式，mRNA之间可以通过miRNAs反应原件（microRNA response elements，MREs）达到相互调控的目的。RNA可以有效地相互进行信息交流。在这项研究中，我们通过RNA-seq数据在被毛皮肤中进行了ceRNA网络的分析。选择了6个差异表达的circRNA和56个mRNA，它们具有共同的MRE结合位点（16个miRNAs），见图3-4A。对这些基因进行GO分析（图3-4B）。GO富集发现主要功能集中于色素沉着（黑素生物合成过程，黑素细胞分化和黑素小体）、蛋白质磷酸化和蛋白质复合物。这些RNA相互作用为黑素细胞的色素沉着研究提供一个新的视角。

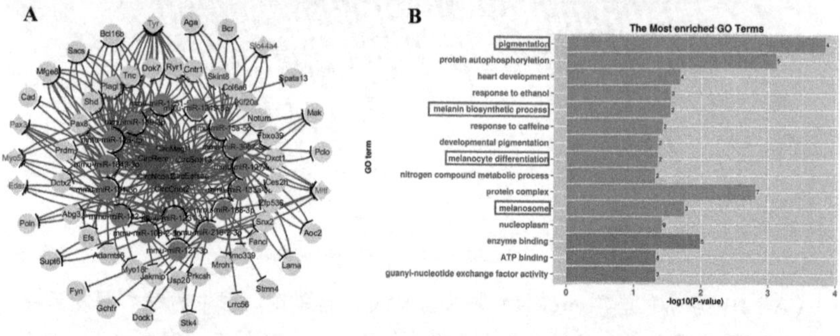

（A）包含高分交互的简化子网络。红色圆圈表示circRNA，绿色圆圈表示miRNA，黄色圆圈表示mRNA，黄色圆圈代表与色素沉着有关的基因。FC大小通过节点大小来进行区分；（B）网络中相关基因富集的GO项。X轴表示-log10（*P*值），Y轴表示GO项。相关的mRNA在色素沉着和蛋白质磷酸化在生物过程中，以及与蛋白质复合物和酶的结合有关（相关研究已发表在《Experimental Dermatology》）

图3-4　circRNA-miRNA-mRNA网络及其相关mRNA的GO分析

三、讨论

circRNA是20多年前从一些转录基因中发现的（Nigro et al.，1991）。Hsu和Coca-Prados首次报道了RNA在真核生物细胞质中呈环状的现象（Wilusz et al.，2013；Hsu et al.，1979）。然而，这些RNA分子通常被认为是低丰度和剪接错误的产物（Kartha et al.

2014）。近年来，通过高通量RNA测序和生物信息学分析，在不同物种或组织中成功鉴定出大量circRNA，分布在古生菌、人类、小鼠、果蝇、线虫等多种组织和细胞类型中（Andreeva et al.，2015；Jens，2013；Wilusz et al. 2013；Salzman et al. 2012；Westholm et al.，2014）。

circRNA与大脑、肝脏和心脏之间的关系已经被证实（Zhang et al.，2017；Li et al.，2017；Tan et al.，2017）。最近，circRNAs在癌症中的作用也得到了重视。circRNA可能成为大肠癌、胃癌、结肠癌等肿瘤治疗的新靶点（Sui et al.，2017；Zhu et al.，2017；Hsiao et al.，2017）。*CDR1as*在黑色素瘤的侵袭和转移中起重要作用（Hanniford et al.，2017；Sand et al.，2016；Sand et al.，2016）。此外，circRNA在皮肤鳞状细胞癌和基底细胞癌中的表达已被证实。然而，关于circRNA在皮肤中的调控作用的研究还很有限，目前还没有circRNA在黑素细胞色素沉着中的相关性的报道。circRNA的表达是有组织特异性的，也表明circRNA有潜在的生物学功能。在我们的研究中，检测到1 800多个circRNA，然而在所有的样本中，只有3%（约54个circRNA）同时表达。在胚胎期和出生后，黑毛被毛皮肤和白毛被毛皮肤的动态表达发生变化，提示circRNA可能在黑素细胞分化和色素沉着中发挥重要作用。

采用GO分析进一步说明差异表达circRNA的靶基因的生物学功能。有趣的是，前三个GO项的靶向基因表达差异较大。结果表明黑、白皮毛小鼠在胚胎15 d和出生后7 d circRNA的不同靶基因在色素沉着过程中起着重要作用。KEGG通路分析靶基因主要富集于Jack-STAT信号通路和Wnt信号通路。一些研究表明，Wnt信号通路对于黑色素瘤细胞的生物学作用非常重要。对于这些circRNA的功能还需要作进一步的研究。

第四章　miRNA、lncRNA、circRNA在小鼠皮肤发育调控中的联合分析

miRNA是一类高度保守的ncRNA，主要通过与靶基因RNA的3' UTR区结合，在转录后水平上负调控基因表达。miRNA关于皮肤黑色素瘤的研究目前相对较多。lncRNA是一类没有帽子结构或poly（A）尾巴且不编码蛋白的一类长度超过200 nt的线性RNA，可以竞争性结合细胞内的miRNA，也能像circRNA一样作为“海绵分子”减弱miRNA对于靶基因的抑制作用。circRNA是一类独特的RNA，通过反向剪切形成稳定结构，可以不被RNase R降解（Hitoshi et al.，2006），能吸附miRNA抑制miRNA的作用，与miRNA和lncRNA相比，circRNA在哺乳动物细胞中具有更高的稳定性和序列保守性（Liang et al.，2014）。现在人们越来越意识到miRNA、lncRNA、circRNA在基因调控中的重要作用，lncRNA-miRNA-mRNA和circRNA-miRNA-mRNA两种调控途径中，miRNA是三者的关键连接点，通过miRNA构成了ceRNA网络。但是，关于皮肤中黑素细胞相关ceRNA网络分析的报道很少，在色素沉着机理中的作用仍是未知的。在本研究中，使用RNA测序（RNA-seq）联合分析miRNA、lncRNA、circRNA表达谱在黑色被毛和白色被毛小鼠皮肤中的表达量，构建lncRNA-miRNA-mRNA和circRNA-miRNA-mRNA网络，对ncRNA在皮肤发育和色素沉着方面的作用有一个全面的了解。

一、主要材料与方法

（一）试验动物及样品采集

C57BL6及ICR小鼠购自北京海淀兴旺实验动物养殖场，6周龄，体重12～22 g，SPF级别。试验所用小鼠均在山西农业大学动物房饲养。在无特殊病原体环境下饲养，自由进食SPF级颗粒饲料及饮水。

分别选取6只C57BL6雌性和雄性小鼠以1：1配对比例进行配对，6只ICR雌性和雄性小鼠以1：1配对比例进行配对，用于繁殖试验所需新生小鼠。妊娠时间以检测阴道栓塞当天中午为胚胎第1 d计算。待胚胎期第15 d和出生后第7 d取小鼠背部皮肤组织置于液氮中进行下一步试验。

（二）方法

1. 总RNA的提取

从−80℃冰箱中取出样品组织，对样品组织进行研磨后收集于1.5 mL无菌EP管中，Trizol法提取总RNA，−80℃保存。

2. 总RNA完整性和浓度的检测

用核酸蛋白测定仪检测总RNA的浓度和纯度，要求OD_{260}/OD_{280}在1.8～2.0之间。电泳检测总RNA完整性。

3. mRNA及lncRNA文库构建并测序

方法用本书第19页。

4. circRNA文库构建并测序

方法同本书第33页。

5. miRNA文库构建并测序

方法同本书第42页。

（三）数据分析

1. 测序数据统计分析

使用GraphPad Prism 5.0（GraphPad Software，La Jolla，CA）对不同组进行统计分析，R3.3.1（R Development Core Team）对数据进行GOs和pathway分析，结果进行Fisher' s exact test精准检验。显著性水平分别为*代表$P<0.05$、**代表$P<0.01$、***代表$P<0.001$。miRNA-mRNA、lncRNAs-mRNA、circRNA-mRNA共表达网络由Cytoscape软件构建。

2. 生物信息学分析软件

维恩图：VENNY2.1（http://bioinfogp.cnb.csic.es/tools/venny/index.html）；

预测miRNA靶基因：TargetScan（http://www.targetscan.org/vert_72/）；

RNA相关相互作用：RAID v2.0；

miRNA-mRNA、lncRNAs-mRNA、circRNA-mRNA共表达网络分析：Cytoscape3.6.1。

3. 差异表达ncRNA的分析

使用DESeq R包（1.10.1）对两种情况/组进行差异表达分析。使用Benjamini-Hochberg的校正方法来控制错误发现率，调整得到的P值。将DESeq检测到的$P<0.05$的基因和$|FC|>2$的绝对值赋值为差异表达。使用“A vs B”命名差异表达基因集，并对差异基因进行GO和

KEGG富集分析。

二、结果

（一）对miRNA数据结果的统计分析

对miRNA各组分的数据进行统计，并且进行维恩图绘制，寻找在不同时期，不同阶段基因表达的状况。从图4-1A中可以看出，白鼠与黑鼠的比较中，621个miRNAs中有470个在两种被毛颜色中均有表达，在白鼠皮肤中，571个miRNAs中有483个在不同时期均有表达。38个miRNAs仅在出生后7 d表达，50个miRNAs仅在胚胎期15 d表达，在黑鼠皮肤中，605个miRNAs中有507个miRNAs在不同时期共同表达，25个miRNAs仅在出生后7 d表达，73个miRNAs仅在胚胎期15 d表达（图4-1A）。对黑鼠和白鼠不同时期的数据分别进行差异miRNA筛选，并进行热图绘制，直观了解差异数据情况。在黑鼠皮肤中，有206个miRNAs进行了差异表达，在白鼠皮肤中有183个miRNAs进行了差异表达（图4-2A，图4-2B）。根据miRNA表达的差异显著性和原始信号强度从中选取*miR-233*、*miR-217*和*miR-211* 3个miRNA进行qRT-PCR试验验证。*miR-233*，*miR-217*和*miR-211*在黑色胚胎与黑色出生后没有显著差异性（$P>0.05$），但在白色出生后与白色胚胎期两个阶段中相比差异显著（$P<0.001$，$P<0.01$，$P<0.01$），*miR-233*在白色出生后与黑色出生后两个时期的表达差异是显著的（$P<0.05$），*miR-233*、*miR-217*和*miR-211*分别在黑色胚胎期与白色胚胎期的表达量有显著性差异（$P<0.01$），经验证miRNA qRT-PCR结果与RNA-seq结果一致（图4-2C，图4-2D）。

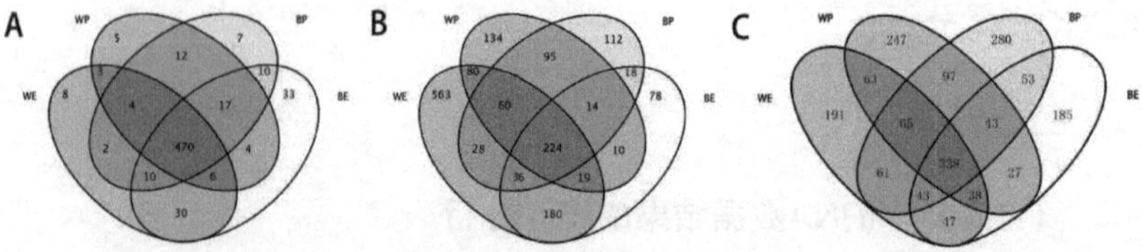

（A）图表示在不同时期不同毛色 miRNA 的表达情况；（B）图表示在不同时期不同毛色 lncRNA 表达的情况；（C）图表示在不同时期不同毛色 circRNA 的表达情况

图4-1　胚胎期15 d和出生后7 d两个时期ncRNA维恩图

（二）差异miRNA靶基因的功能

对筛选到的miRNAs靶基因进行GO富集分析，不同被毛颜色不同胚胎期差异miRNAs靶基因集合所富集到的通路具有高度的重合性，这说明，这些通路在发育时期都起到了关键作用。这些通路包括：细胞质成分、转录因子复合体和细胞核成分在细胞成分中被富集到；染色质结合，黑色皮肤中的转录因子结合，细胞核中ATP结合和锌离子结合在生物过程中被富集到；在分子功能层面富集到Rho蛋白信号翻译的调控，正向调控RNA聚合酶Ⅱ启动子转录，负向调控RNA聚合酶Ⅱ启动子转录（图4-3A，图4-3B）。分析发现这些通路都是与转录结合因子有关，转录结合因子在机体中调控细胞内蛋白的转录，影响细胞功能，是与未来疾病发生发展密切和关键的因子。通过对黑鼠和白鼠miRNA差异靶基因的GO富集分析，黑鼠和白鼠的富集差异主要体现在黑色小鼠皮肤中的转录因子结合因子，从黑鼠和白鼠的KEGG通路分析中可以看出，差异主要在癌症通路，黏着斑，黑色小鼠皮肤中的内吞作用，白色小鼠皮肤中肌动蛋白和细胞骨架的调节作用（图4-3C，图4-3D），这些通路揭示了小鼠毛色差异的原因。

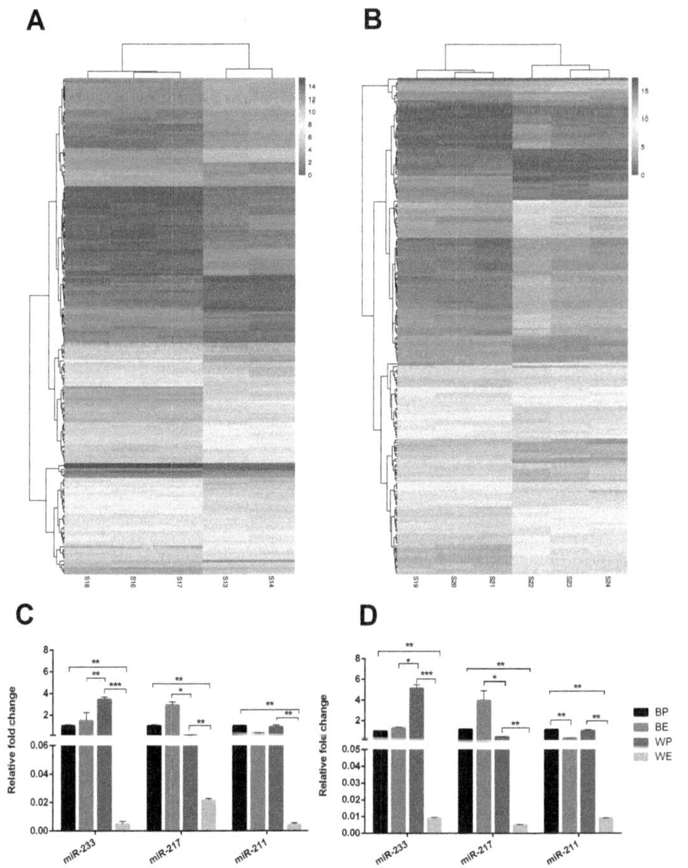

（A）黑色被毛皮肤中差异 miRNA 的热图。13、14 组为胚胎第 15 d 黑色被毛小鼠的重复样本，16、17、18 组为出生第 7 d 黑色被毛小鼠的 3 个重复样本；（B）图为白色被毛皮肤中差异 miRNA 的热图。22、23、24 组为白色被毛皮肤胚胎第 15 d 的 3 个重复样本，19、20、21 组为白色被毛出生第 7 d 的 3 个重复样本。S 代表 miRNA 测序数据；（C）图为 *miR-233*、*miR-217* 和 *miR-211* 在 qRT-PCR 中的相对表达水平；（D）图为 *miR-233*、*miR-217* 和 *miR-211* 在 RNA-seq 中的相对表达水平

图4-2　小鼠在胚胎期15 d和出生后7 d，miRNA在黑色与白色被毛皮肤中的表达谱

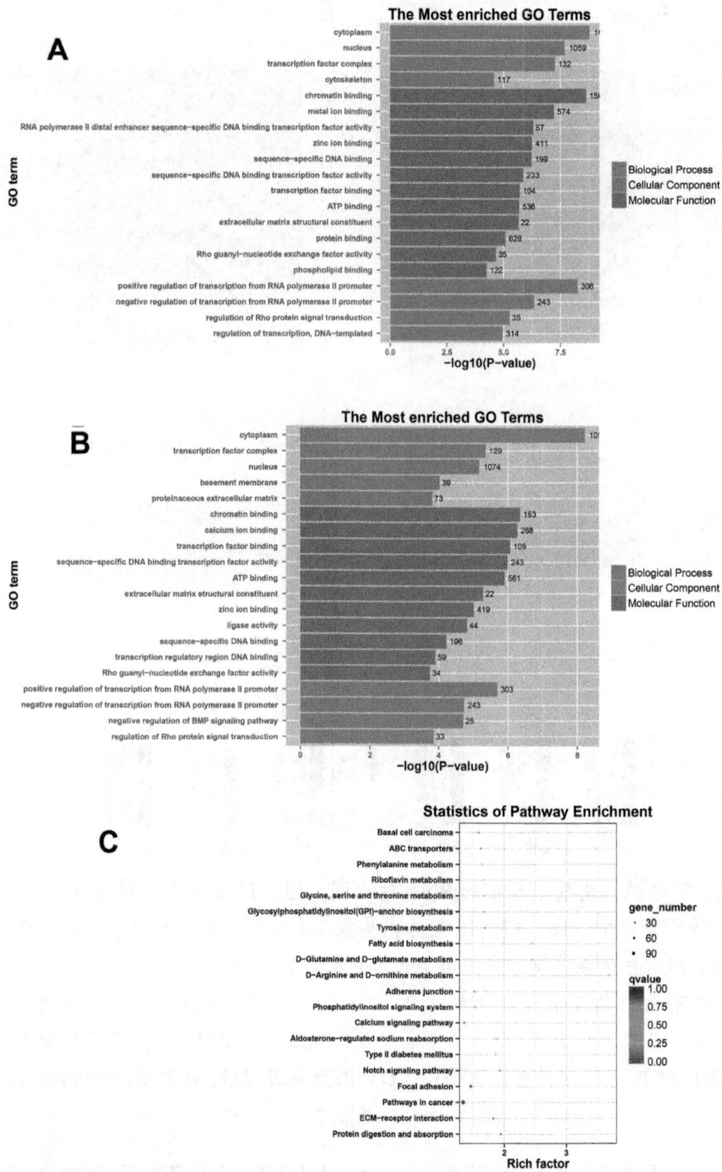
A
The Most enriched GO Terms
cytoplasm
nucleus
transcription factor complex
cytoskeleton
chromatin binding
metal ion binding
RNA polymerase II distal enhancer sequence-specific DNA binding transcription factor activity
zinc ion binding
sequence-specific DNA binding
sequence-specific DNA binding transcription factor activity
transcription factor binding
ATP binding
extracellular matrix structural constituent
protein binding
Rho guanyl-nucleotide exchange factor activity
phospholipid binding
positive regulation of transcription from RNA polymerase II promoter
negative regulation of transcription from RNA polymerase II promoter
regulation of Rho protein signal transduction
regulation of transcription, DNA-templated
1059
132
117
574
57
411
199
233
104
536
22
628
35
122
306
243
35
314
0.0
2.5
5.0
7.5
-log10(P-value)
GO term
Biological Process
Cellular Component
Molecular Function
B
The Most enriched GO Terms
cytoplasm
transcription factor complex
nucleus
basement membrane
proteinaceous extracellular matrix
chromatin binding
calcium ion binding
transcription factor binding
sequence-specific DNA binding transcription factor activity
ATP binding
extracellular matrix structural constituent
zinc ion binding
ligase activity
sequence-specific DNA binding
transcription regulatory region DNA binding
Rho guanyl-nucleotide exchange factor activity
positive regulation of transcription from RNA polymerase II promoter
negative regulation of transcription from RNA polymerase II promoter
negative regulation of BMP signaling pathway
regulation of Rho protein signal transduction
129
1074
39
73
153
268
109
243
561
22
419
44
196
59
34
303
243
25
33
0
2
4
6
8
-log10(P-value)
GO term
Biological Process
Cellular Component
Molecular Function
C
Statistics of Pathway Enrichment
Basal cell carcinoma
ABC transporters
Phenylalanine metabolism
Riboflavin metabolism
Glycine, serine and threonine metabolism
Glycosylphosphatidylinositol(GPI)-anchor biosynthesis
Tyrosine metabolism
Fatty acid biosynthesis
D-Glutamine and D-glutamate metabolism
D-Arginine and D-ornithine metabolism
Adherens junction
Phosphatidylinositol signaling system
Calcium signaling pathway
Aldosterone-regulated sodium reabsorption
Type II diabetes mellitus
Notch signaling pathway
Focal adhesion
Pathways in cancer
ECM-receptor interaction
Protein digestion and absorption
2
3
Rich factor
gene_number
30
60
90
qvalue
1.00
0.75
0.50
0.25
0.00

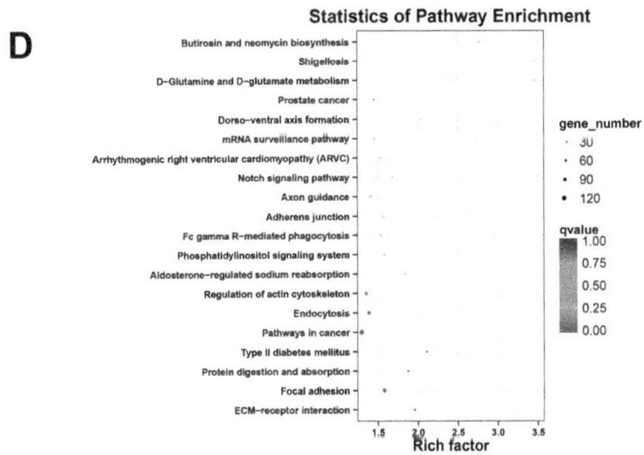

（A）黑色被毛皮肤小鼠中 miRNA 靶基因 GO 富集结果：X 轴表示基因数量，Y 轴表示 GO 项；（B）白色被毛皮肤小鼠中 miRNA 靶基因 GO 富集结果：X 轴表示基因数量，Y 轴表示 GO 项；（C）黑色被毛皮肤小鼠中靶基因 KEGG 通路富集分析：X 轴为富集因子，Y 轴为 KEGG 通路。圆点的颜色表示不同的 P 值。点的大小表示基因的数量；（D）白色被毛皮肤靶基因 KEGG 通路富集分析

图4-3　miRNA靶基因功能分析

（三）对lncRNAs数据结果的统计分析

对lncRNAs各组分的数据进行统计，并且进行维恩图的绘制，通过对维恩图的绘制寻找出在不同时期，不同阶段基因表达的状况。从图中可以出，在白鼠与黑鼠的比较中，1 651个lncRNAs中有224个在两种被毛颜色中均有表达，在白鼠皮肤中，1 443个miRNAs中有383个在不同时期均有表达。253个lncRNAs仅在出生后7 d表达，807个lncRNAs仅在胚胎期第15 d表达。在黑鼠皮肤中，874个lncRNAs中有292个lncRNAs在不同时期共同表达，295个lncRNAs仅在出生后7 d表达，287个lncRNAs仅在胚胎期15 d表达（图4-1B）。我们对黑鼠和白鼠不同时期的数据分别进行差异基因筛选，并进行热图绘制，直观了解差异数据情况。在黑鼠皮

肤中，有600个miRNAs进行了差异表达，在白鼠皮肤中有813个miRNAs进行了差异表达（图4-4A，图4-4B）。基于显著性差异和原始信号表达强度的条件，选取*lncRNAs NONMMUT087719.1*、*NSMUST00000182499.7*和*ENSMUST00000181605.1*进行荧光定量验证试验。其中*NONMMUT087719.1*和*NSMUST00000182499.7*在黑色小鼠出生后与胚胎期的表达差异并不显著（P>0.05），而*ENSMUST00000181605.1*在黑色出生后与黑色胚胎期的表达具有显著性（P<0.05）。*NONMMUT087719.1*、*NSMUST00000182499.7*、*ENSMUST00000181605.1*在黑色出生后与白色出生后的比较中发现并无显著性差异（P>0.05），但在在黑色胚胎期与白色胚胎期的比较中差异显著（P>0.05）。lncRNA的qRT-PCR结果与RNA-seq结果一致（图4-4A，图4-4B）。

（四）lncRNA靶基因的功能

利用COG和KOG分析lncRNAs靶基因所翻译的蛋白，发现这些蛋白主要分布在21个蛋白簇中，比较发现白鼠的蛋白簇中，集合到的基因数量要大于黑鼠，这些蛋白簇主要包括：染色质结构与动力学、细胞周期控制、细胞分裂、染色体复制、核苷酸运输与代谢、碳水化合物运输与代谢、脂质运输与代谢、转运过程、核糖体结构与生物发生过程等（图4-5）。这些蛋白功能很大一部分都是调控机体代谢过程，而其中脂质转运和代谢，转录，翻译后修饰，次级代谢产物生物合成和分解代谢等过程，所分类到的蛋白数量远大于黑鼠，这些途径主要作用于能量代谢，推测这些蛋白的差异导致了白鼠的脂肪堆积高于黑鼠。

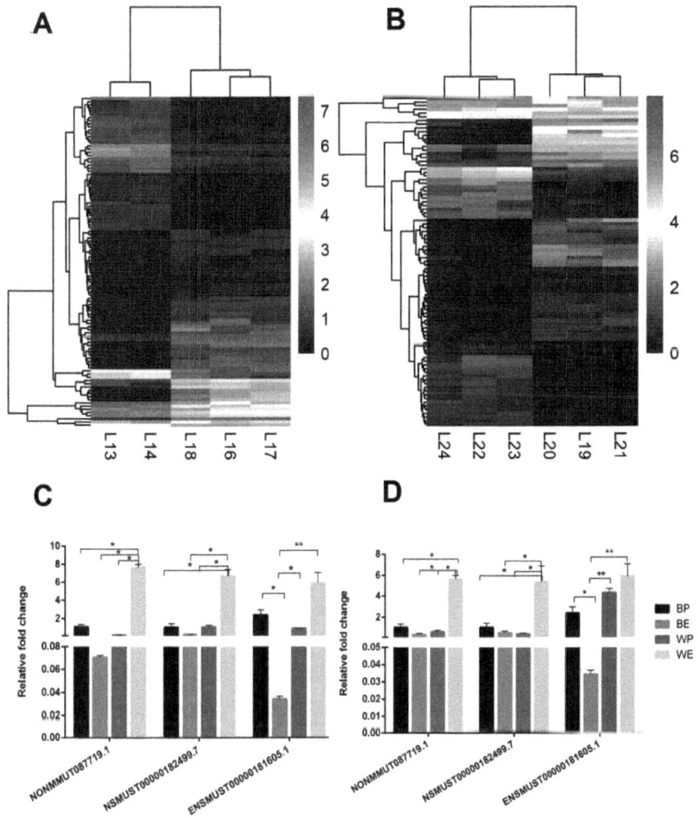

（A）图为不同阶段 lncRNA 在黑色被毛小鼠皮肤中的热图。13、14 组为胚胎第 15 d 的重复样本，16、17、18 组为出生后第 7 d 的生物学重复样本；（B）图为不同阶段 lncRNA 在白色被毛小鼠皮肤中的热图。22、23、24 组为胚胎第 15 d 的生物学重复样本，19、20、21 组为出生第 7 d 生物学重复样本。“L”表示 lncRNA 测序数据；（C）图为 *NONMMUT087719.1*、*NSMUST00000182499.7*、*ENSMUST00000181605.1* 在 qRT-PCR 中的相对表达水平；（D）*NONMMUT087719.1*、*NSMUST00000182499.7*、*ENSMUST00000181605.1* 在 RNA-seq 中的相对表达水平

图4–4　在胚胎期15 d和出生后7 d，lncRNA在小鼠黑色与白色被毛皮肤中的表达谱

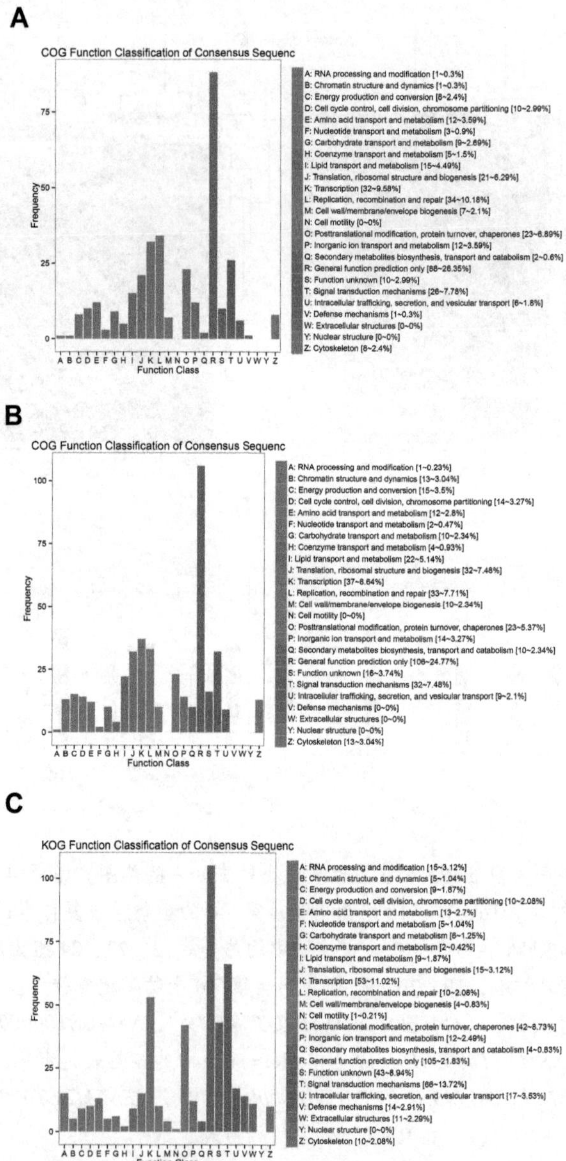
A
COG Function Classification of Consensus Sequenc
Frequency
Function Class
A: RNA processing and modification [1~0.3%]
B: Chromatin structure and dynamics [1~0.3%]
C: Energy production and conversion [8~2.4%]
D: Cell cycle control, cell division, chromosome partitioning [10~2.99%]
E: Amino acid transport and metabolism [12~3.59%]
F: Nucleotide transport and metabolism [3~0.9%]
G: Carbohydrate transport and metabolism [9~2.69%]
H: Coenzyme transport and metabolism [5~1.5%]
I: Lipid transport and metabolism [15~4.49%]
J: Translation, ribosomal structure and biogenesis [21~6.29%]
K: Transcription [32~9.58%]
L: Replication, recombination and repair [34~10.18%]
M: Cell wall/membrane/envelope biogenesis [7~2.1%]
N: Cell motility [0~0%]
O: Posttranslational modification, protein turnover, chaperones [23~6.89%]
P: Inorganic ion transport and metabolism [12~3.59%]
Q: Secondary metabolites biosynthesis, transport and catabolism [2~0.6%]
R: General function prediction only [88~26.35%]
S: Function unknown [10~2.99%]
T: Signal transduction mechanisms [26~7.78%]
U: Intracellular trafficking, secretion, and vesicular transport [6~1.8%]
V: Defense mechanisms [1~0.3%]
W: Extracellular structures [0~0%]
Y: Nuclear structure [0~0%]
Z: Cytoskeleton [8~2.4%]
B
COG Function Classification of Consensus Sequenc
Frequency
Function Class
A: RNA processing and modification [1~0.23%]
B: Chromatin structure and dynamics [13~3.04%]
C: Energy production and conversion [15~3.5%]
D: Cell cycle control, cell division, chromosome partitioning [14~3.27%]
E: Amino acid transport and metabolism [12~2.8%]
F: Nucleotide transport and metabolism [2~0.47%]
G: Carbohydrate transport and metabolism [10~2.34%]
H: Coenzyme transport and metabolism [4~0.93%]
I: Lipid transport and metabolism [22~5.14%]
J: Translation, ribosomal structure and biogenesis [32~7.48%]
K: Transcription [37~8.64%]
L: Replication, recombination and repair [33~7.71%]
M: Cell wall/membrane/envelope biogenesis [10~2.34%]
N: Cell motility [0~0%]
O: Posttranslational modification, protein turnover, chaperones [23~5.37%]
P: Inorganic ion transport and metabolism [14~3.27%]
Q: Secondary metabolites biosynthesis, transport and catabolism [10~2.34%]
R: General function prediction only [106~24.77%]
S: Function unknown [16~3.74%]
T: Signal transduction mechanisms [32~7.48%]
U: Intracellular trafficking, secretion, and vesicular transport [9~2.1%]
V: Defense mechanisms [0~0%]
W: Extracellular structures [0~0%]
Y: Nuclear structure [0~0%]
Z: Cytoskeleton [13~3.04%]
C
KOG Function Classification of Consensus Sequenc
Frequency
Function Class
A: RNA processing and modification [15~3.12%]
B: Chromatin structure and dynamics [5~1.04%]
C: Energy production and conversion [9~1.87%]
D: Cell cycle control, cell division, chromosome partitioning [10~2.08%]
E: Amino acid transport and metabolism [13~2.7%]
F: Nucleotide transport and metabolism [5~1.04%]
G: Carbohydrate transport and metabolism [6~1.25%]
H: Coenzyme transport and metabolism [2~0.42%]
I: Lipid transport and metabolism [9~1.87%]
J: Translation, ribosomal structure and biogenesis [15~3.12%]
K: Transcription [53~11.02%]
L: Replication, recombination and repair [10~2.08%]
M: Cell wall/membrane/envelope biogenesis [4~0.83%]
N: Cell motility [1~0.21%]
O: Posttranslational modification, protein turnover, chaperones [42~8.73%]
P: Inorganic ion transport and metabolism [12~2.49%]
Q: Secondary metabolites biosynthesis, transport and catabolism [4~0.83%]
R: General function prediction only [105~21.83%]
S: Function unknown [43~8.94%]
T: Signal transduction mechanisms [66~13.72%]
U: Intracellular trafficking, secretion, and vesicular transport [17~3.53%]
V: Defense mechanisms [14~2.91%]
W: Extracellular structures [11~2.29%]
Y: Nuclear structure [0~0%]
Z: Cytoskeleton [10~2.08%]

D

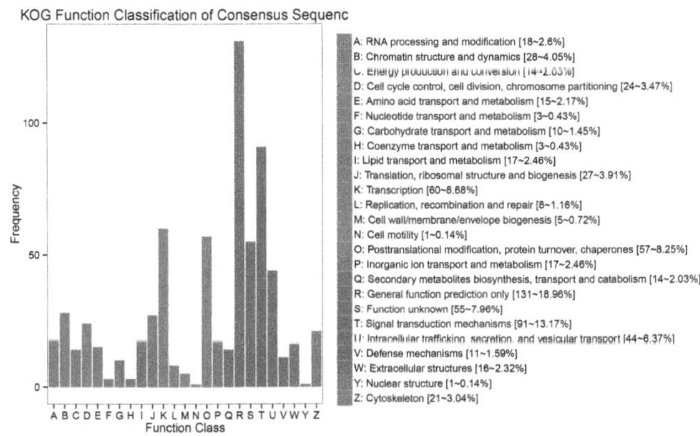

（A）黑色被毛小鼠皮肤 lncRNA 靶基因 COG 分析：X 轴为 COG 项，Y 轴为基因数；（B）白色被毛小鼠皮肤 lncRNA 靶基因 COG 分析；（C）白色被毛小鼠皮肤中 lncRNA 靶基因 KOG 分析：X 轴为 KOG 项，Y 轴表示基因数量；（D）黑色被毛小鼠皮肤 lncRNA 靶基因的 KOG 分析

图4–5　lncRNA靶基因功能分析

（五）对circRNAs数据结果的统计分析

对circRNAs各组分的数据进行统计，并且进行维恩图的绘制，通过对维恩图的绘制寻找出在不同时期，不同阶段circRNA表达的情况。从图中可以出：在白鼠与黑鼠的比较中，1 778个circRNAs中有338个在两种毛色中均有表达，在白鼠皮肤中，1 260个circRNAs中有504个在不同时期均有表达。414个circRNAs仅在出生后7 d表达，342个circRNAs仅在胚胎期15 d表达。在黑鼠皮肤中，1 277个circRNAs中有477个circRNAs在不同时期共同表达，503个circRNAs仅在出生后7 d，297个circRNAs仅在胚胎期15 d中表达

（图4-1C）。对黑鼠和白鼠不同时期的数据分别进行差异基因筛选，并进行热图绘制，直观了解差异数据情况。在黑鼠皮肤中，有50个circRNAs进行了差异表达，在白鼠皮肤中有54个circRNAs进行了差异表达（图4-6A，图4-6B）。基于显著性差异和原始信号表达强度的条件，选取*circConot2*，*circBub1b*和*circTmem26*进行qRT-PCR验证试验。*circConot2*在黑色胚胎期和出生后皮肤中的表达差异显著（$P<0.05$）。*circBub1b*和*circTmem26*在黑色出生后与黑色胚胎期的表达差异并不显著（$P>0.05$）。*circConot2*，*circTmem26*在白色胚胎期和出生后的表达有差异（$P<0.05$）。*circConot2*在黑色出生后白色出生后的表达差异并不显著（$P>0.05$）。*circBub1b*和*circTmem26*在黑色出生后和白色出生后的表达差异显著（$P<0.01$，$P<0.05$）。*circConot2*在黑色胚胎期和白色胚胎期表达差异并不显著（$P>0.05$），*circBub1b*和*circTmem26*在黑色胚胎期和白色胚胎期的差异极显著（$P<0.01$）。circRNA的qRT-PCR结果与RNA-seq结果一致（图4-6C，图4-6D）。

（六）circRNA靶向基因的功能

circRNA的功能与靶向线性转录本的功能有关，通过GO和KEGG进一步分析差异表达的靶基因。经GO分析两种被毛颜色差异circRNA靶基因主要富集在细胞过程、代谢过程、细胞部分和细胞器的结合和催化活性。KEGG分析黑色被毛皮肤差异的circRNA靶基因主要富集在紧密连接和RNA降解的通路中，在白色被毛皮肤中主要富集在hedgehog信号通路和rap1信号通路中（图4-7）。

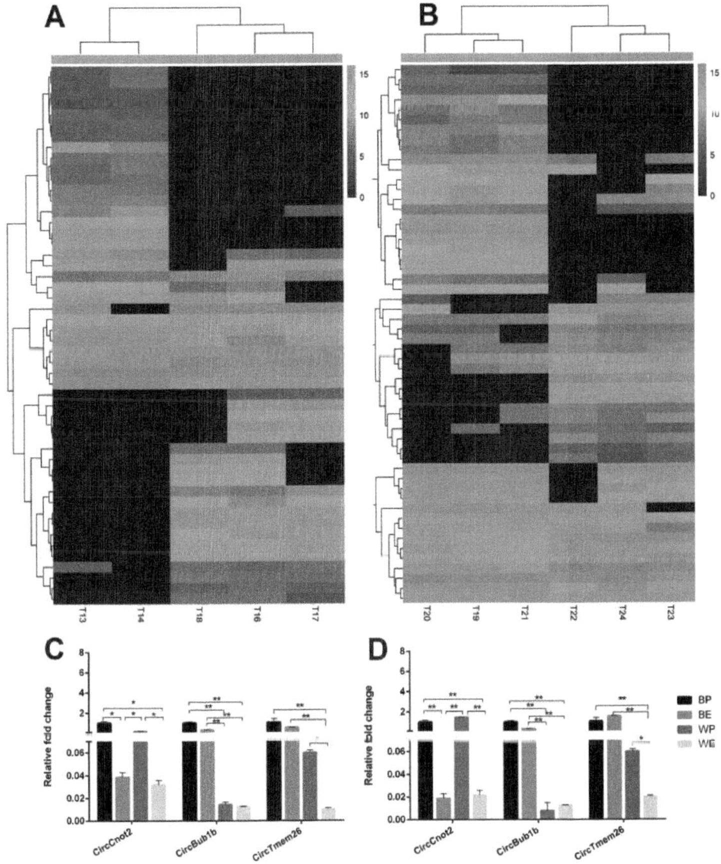

（A）图为不同阶段 circRNA 在黑色被毛皮肤中的热图。13、14 组为胚胎第 15 d 生物学重复样本，16、17、18 组为出生后第 15 d 的生物学重复样本；（B）不同阶段 circRNA 在白色被毛皮肤中的热图。22，23，24 组是胚胎第 15 d 的生物重复样本，19、20、21 组为出生后第 7 d 的生物重复样本。“T”表示 circRNA 测序数据；（C）图为 *circCnot2*、*circBublb*、*circTmem26* 在 qRT-PCR 中的相对表达水平；（D）图为 *circCnot2*、*circBublb*、*circTmem26* 在 RNA-seq 中的相对表达水平

图4–6 小鼠在胚胎期15 d和出生后7 d，circRNA在黑色与白色被毛皮肤中的表达谱

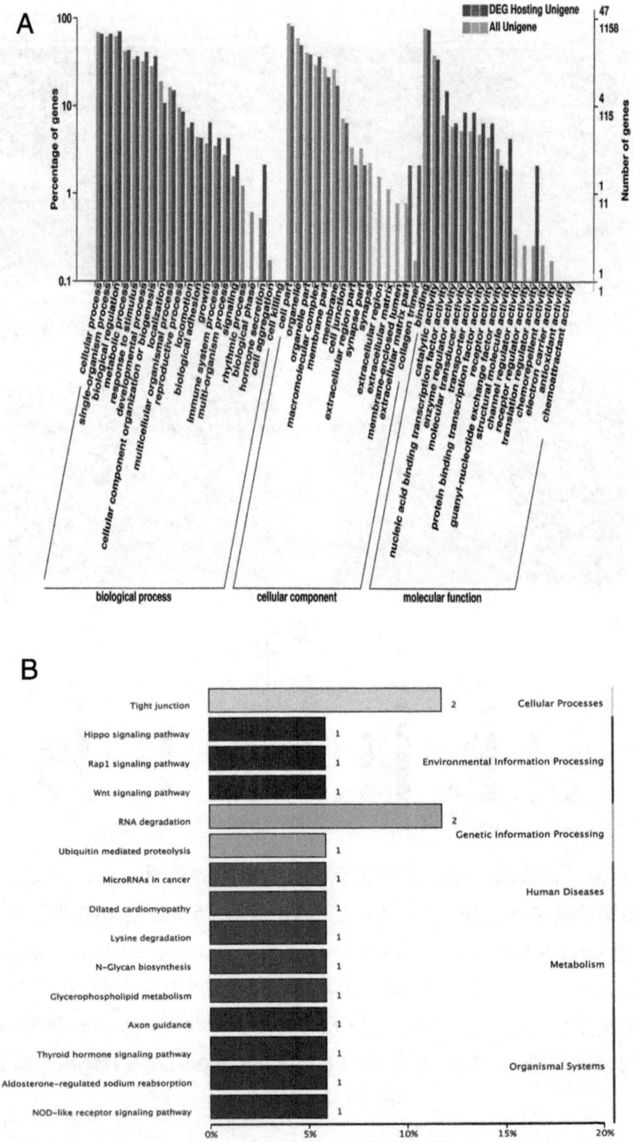
A
DEG Hosting Unigene
All Unigene
Percentage of genes
Number of genes
biological process
cellular component
molecular function
B
Tight junction
Hippo signaling pathway
Rap1 signaling pathway
Wnt signaling pathway
RNA degradation
Ubiquitin mediated proteolysis
MicroRNAs in cancer
Dilated cardiomyopathy
Lysine degradation
N-Glycan biosynthesis
Glycerophospholipid metabolism
Axon guidance
Thyroid hormone signaling pathway
Aldosterone-regulated sodium reabsorption
NOD-like receptor signaling pathway
Cellular Processes
Environmental Information Processing
Genetic Information Processing
Human Diseases
Metabolism
Organismal Systems
Annotated Genes

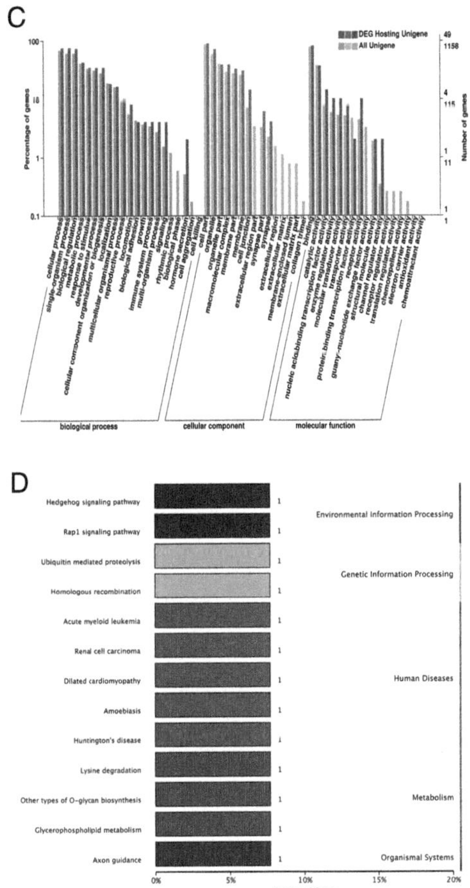

（A）黑色被毛小鼠皮肤差异表达的 circRNA 靶基因 GO 富集结果：X 轴表示 GO 项，Y 轴表示基因百分比。右边的 Y 轴代表基因的数量；（B）黑色被毛小鼠皮肤不同阶段差异表达的 circRNA 靶基因的 KEGG 通路分析：X 轴表示基因的百分比，Y 轴表示 KEGG 通路；（C）白色被毛小鼠皮肤中差异表达的 circRNA 靶基因 GO 分类；（D）白色被毛小鼠皮肤不同阶段差异表达的 circRNA 靶基因的 KEGG 通路

图4-7 circRNA靶基因功能分析

对黑鼠的GO分析中，细胞定位富集到细胞外区部分，细胞外基质部分，细胞内胶原三聚体。分子功能中的鸟核苷-苷酸交换因子的活性、结构分子活性、通道调节活性、受体调节活性、过渡调节活性中（图4-7A）。这些功能在黑鼠的发育过程中差异表达，其差异表达的基因主要包括两个方面，细胞外基质层面以及细胞因子层面，而细胞突触，通道调节活性，受体调节活性等分子功能方面的差异表达在白鼠的发育过程中（图4-7C）。对这些数据进行KEGG分析，发现白鼠和黑鼠共同差异的信号通路包括RAP1信号通路，扩张型心肌病，轴突制导，糖生物合成，赖氨酸降解，泛素介导的蛋白质水解，甘油磷脂代谢等过程中（图4-7D），说明这些通路在发育中起着重要的作用。这些通路都是参与到生长发育的各种调节过程中，对机体的生长发育起到重要作用。急性髓系白血病，肾细胞癌，阿米巴，亨廷顿病在在白鼠中特异表达，这也解释了为什么白鼠在抗疾病能力没有黑鼠能力强，与GO结果相联系，我们推测在黑鼠中所涉及的细胞因子等可能与疾病的发展相关。而在黑色小鼠的KEGG分析中，发现了Wnt信号通路，该通路在机体发育过程中起到非常重要的作用，该通路的突变易导致黑色素瘤的产生（图4-7B）。

（七）ncRNA之间的相互作用

ncRNA-mRNA之间的网络通过Cytoscape进行构建。使用Pearson’s correlation来评价显著关联性，图4-8A是lncRNA-mRNA共表达网络。lncRNA-mRNA网络由61个lncRNAs节点、12个mRNAs节点和25个miRNAs节点组成。circRNA-mRNA网络由25个circRNAs节点、12个mRNAs节点和27个miRNAs节点组成（图4-8B）。如转录因子4（*Tcf4*）、病原相关酵母蛋白-1（*Pry1*）、胶原蛋白-2（V）链（*Col5a2*）等mRNAs与皮肤发育相关；眼白化病1型

（*Oa1*）、黑素原蛋白（*Pmel*）、糖蛋白（跨膜）、非转移性黑色素瘤蛋白b（*Gpnmb*）都与黑素细胞相关（图4-8）。

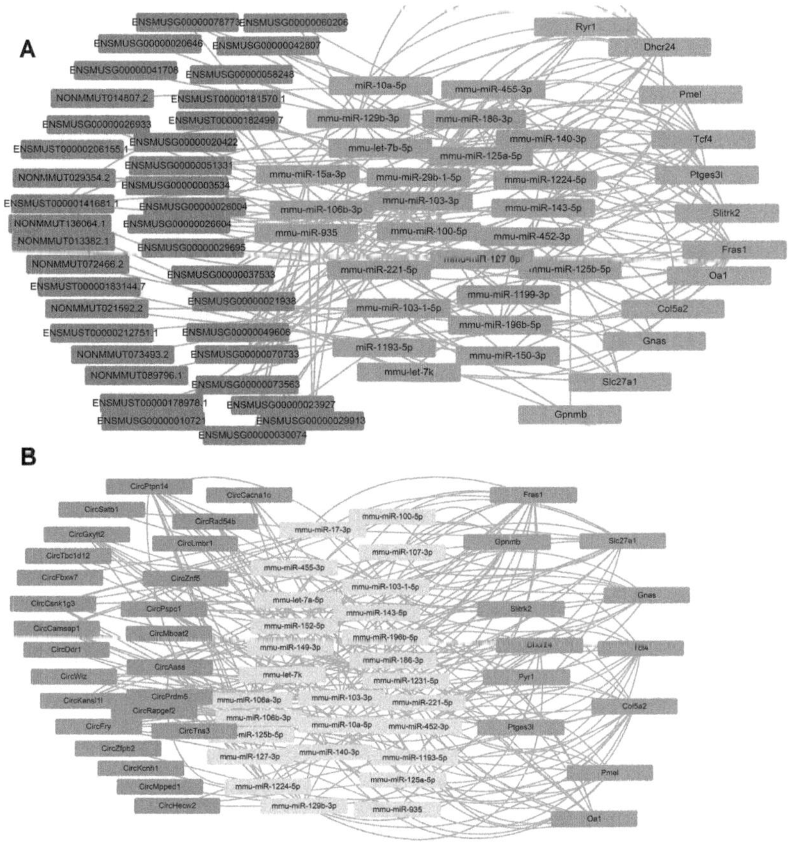

（A）lncRNA-miRNA-mRNA共表达网络。深绿色、蓝色和浅绿色分别代表lncRNA、miRNA和mRNA；（B）circRNA-miRNA-mRNA共表达网络。粉红色、黄色和蓝色分别代表circRNA、miRNA和mRNA

图4-8　lncRNA-miRNA-mRNA和circRNA-miRNA-mRNA联合表达网络

三、讨论

皮肤发育是一个复杂的多因素过程，在胚胎发育过程中，单层表皮的多能祖细胞分化形成表皮及其附属物。神经嵴黑素细胞是一种多能胚胎细胞群，也是一种色素生成细胞。神经嵴细胞在胚胎第9 d左右从背侧向腹侧迁移，在胚胎第14.5 d左右产生。出生后第7 d出现毛发（Hirobe et al.，2005；Bingling et al.，2017）。这些研究证实了在胚胎期15 d和出生后7 d是毛发和色素形成的关键时期，对于这两个阶段进行转录组分析具有一定的参考价值。

本研究在黑色小鼠胚胎期第15 d和出生后第7 d筛选了差异表达的206个miRNAs、600个lncRNAs和38个circRNAs，在白色小鼠皮肤胚胎期第15 d和出生后第7 d筛选了差异表达的183个miRNAs、813个lncRNAs和54个circRNAs。qRT-PCR结果与RNA-seq数据一致，这表明RNA-seq的数据是有效的。GO、COG、KOG和KEGG分析了ncRNA相关基因的功能，以及靶基因的通路。这让我们全面了解了差异表达的ncRNA所在通路及参与的功能途径。

最近的研究表明，miRNA的表达谱在表皮毛囊中表现出组织特异性，在毛囊的周期性发育和色素沉着中表现出阶段特异性（Tian et al.，2018；Yan et al.，2013；Zhao et al.，2018）。通过与信号通路和调节因子的相互作用，不同细胞类型的miRNA形成了一个全面的多层的网络系统（Horsburgh et al.，2017；Ross.，2017）。在这项研究中，在黑色被毛皮肤中GO分析的差异表达的microRNA靶基因主要富集在细胞核、染色质结合、金属离子结合、RNA聚合酶Ⅱ启动子区转录的正负调控。

白色被毛皮肤中差异表达microRNA的靶mRNA主要富集在在细胞核、细胞的转录因子复合物、ATP结合和锌离子结合、RNA聚合酶Ⅱ启动子区转录的正负调控中。通过KEGG分析，在胚胎期第15 d

和出生后第7 d黑色被毛皮肤和白色被毛皮肤的靶基因主要富集在癌、黏着斑、内吞作用通路。

目前，关于哺乳动物皮肤lncRNA的研究报道较少。例如，利用RNA-seq分析鉴定出具有斑驳表型的牛中4 365个潜在的基因间lncRNA（Weikard et al.，2013）。另一个报道是山羊皮肤参与皮肤色素沉着和发育的lncRNA（Ren et al.，2016）。在我们这项研究中胚胎期第15 d和出生后第7 d期间黑色小鼠皮肤中差异表达lncRNA的靶基因功能主要富集于信号传递、代谢和翻译后修饰，白色小鼠皮肤中差异表达lncRNA的靶基因功能主要富集于信号转导机制与转录。

目前还没有关于circRNA在皮肤发育中的作用的研究报道。在我们的研究中，经GO分析黑色小鼠皮肤中的circRNA的靶基因主要富集于细胞成分中的细胞部分和细胞器、分子功能、细胞过程中的结合和催化活性、生物过程中的单一有机体过程。在白色小鼠皮肤中，靶基因的GO项分析与黑色小鼠皮肤相同。在胚胎期第15 d和出生后第7 d的黑色小鼠KEGG通路主要富集于的RNA降解，在胚胎期第15 d和出生后第7 d的白色小鼠KEGG主要富集在hedgehog基因信号通路和泛素介导的蛋白水解作通路上。

皮肤中ncRNA的表达谱表明ncRNA在与黑素细胞相关的许多途径中起着关键作用。有证据表明，lncRNA和circRNA可以与miRNA结合并充当“海绵”，吸附miRNA，影响相关miRNA的表达和相应的靶基因。通过对小鼠皮肤中circRNA表达谱的分析发现，胚胎期的黑白小鼠相比较，有11个表达下调，32个表达上调的circRNAs，在出生后阶段有21个表达下调，17个表达上调的circRNAs。对差异表达的ncRNA与mRNA进行分析，lncRNA-mRNA网络由61个lncRNAs节点、12个mRNAs节点和25个miRNAs节点组成。circRNA-mRNA网络由25个circRNAs节点、12个mRNAs节点和27个miRNAs节点组成。lncRNA和circRNA的竞争内源性RNA（ceRNA）网络呈现复杂的结构，ncRNA与mRNA的相互作用与皮肤发育和黑素细胞发育有关。皮肤的胚胎发育和产后发育为进一步研究色素沉着过程中ncRNA的发育机制提供了参考。

第五章　*miR–148a–3p*对羊驼皮肤黑素细胞色素形成关键基因*MITF*调控机制的研究

本章主要在羊驼黑素细胞中对*miR–148a–3p*调控色素形成关键基因*MITF*进行了研究。羊驼黑素细胞是由山西农业大学羊驼生物工程实验室培养提供，我们在培养条件上进行了优化。所研究的ncRNA为*miR–148a–3p*。*miRNA–148*包括*microRNA–148a*和*microRNA–148b*（徐学虎等，2010），属于let–7家族。目前有关该家族的作用机制和对细胞影响的研究较多，该家族可直接通过调节细胞周期来影响肿瘤细胞的产生，通过调控多种癌基因来预防细胞癌变和促进正常细胞分化（谢田华等，2009）。本课题组田雪利用高通量测序发现，*miRNA–148a–3p*的表达量在白色羊驼中显著高于棕色羊驼（田雪，2013）。还有研究人员发现在黑素瘤细胞中，*miRNA–148a–3p*能抑制*MITF*基因的表达量使其显著下调（Benedikta et al.，2010），而*miRNA–148a–3p*与正常黑素细胞中*MITF*的关系及色素沉着还没有研究与论证。

第一节　羊驼黑素细胞体外培养条件优化

一、主要材料与方法

（一）试验材料

试验所用羊驼黑素细胞为第6代（山西农业大学羊驼生物工程实

验室提供）。

（二）主要试剂耗材

胰蛋白酶-EDTA消化液（索来宝，中国），黑素细胞培养基（Science，美国），胎牛血清（四季青，中国），二甲基亚砜（索来宝，中国）。

终止液：DMEM（90%）+胎牛血清（10%）。

冻存液：DMSO（10%）+胎牛血清（90%）。

（三）方法

1. 细胞培养方法

取解冻后的细胞悬液1 mL，添加到等量终止液中，混合均匀，然后1 000 r/min离心10 min，倒掉上清；取3 mL黑色素培养液，轻轻吹打混匀，使细胞沉淀悬浮，平均加到6个培养孔中，每孔0.5 mL，再向每个孔中各加入1 mL黑色素细胞培养液，十字混匀；显微镜下观察，细胞分布均匀放入CO_2培养箱中37℃培养（CO_2浓度为5%）。

2. 细胞换液

培养24 h后观察换液，用PBS清洗细胞；加入预热的黑色素细胞培养液；换液完成后在显微镜下观察并利用照片采集系统采集照片。

3. 细胞传代

观察细胞铺满培养板的90%以上时，弃混合培养液，用37℃预热的无Ca^{2+}、Mg^{2+}的PBS缓冲液洗涤细胞三次；加入37℃预热的胰蛋白酶消化液，每孔1 mL，消化5 min；收集细胞于15 mL的灭菌处理的离心管内，再加入等体积的消化终止液，1 000 r/min离心10 min，弃上清，底部沉淀即为细胞；加入培养液后，轻轻吹打至细胞悬浮，吸取细胞悬浮液平均加到6个培养孔中；加培养液至2 mL，将细胞板放入CO_2培养箱中37℃恒温培养。

4. 细胞冻存

分装10 mL冻存液；取出细胞，观察细胞生长情况，当细胞铺满培养板的90%以上，吸去培养液，加PBS清洗细胞，冲洗掉死亡脱落的细胞以及代谢废物；每孔加入1 mL胰酶进行细胞消化，置于CO_2培养箱中消化2～3 min，在显微镜下观察，当细胞隆起变圆时，用枪轻轻地缓慢吹打，直至细胞全部脱离细胞培养板底部；用移液枪吸取收集细胞悬浮液于15 mL离心管，同时再加等体积的消化终止液，1 500 r/min离心5 min，沉淀即为细胞；在离心管中加入1 mL冻存液，轻轻将细胞吹打均匀之后收集于冻存管；将冻存管放入4℃，2～3 min后放入-20℃，2 h；之后再放入-80℃，1 d；最后放入液氮中长期保存。

5. 细胞计数与细胞形态学鉴定

在显微镜下观察细胞的形态：每隔24 h在显微镜观察细胞生长状况及形态变化，并用TC 20自动细胞计数仪进行细胞计数。

6. 羊驼黑素细胞最佳培养条件的优化

（1）最适细胞接种密度的试验。如表5-1所示，参考细胞计数得出的每毫升的细胞数，在其前后选择6个梯度稀释细胞，分别按照表5-1中浓度梯度稀释好的细胞悬浮液，接种到6孔细胞培养板中，每个梯度做3组重复，接种完成后放于细胞培养箱中培养24 h后更换培养液，每天观察细胞的生长状况与贴壁情况，使用TC 20自动细胞计数仪统计活细胞数，连续观察10 d，记录每天的细胞生长状态及细胞数。

表 5-1 细胞接种密度

梯度	1	2	3	4	5	6
细胞数（个/mL）	1.0×10^4	1.0×10^5	3.0×10^5	5.0×10^5	8.0×10^5	1.0×10^6

（2）胰酶消化时间的优化。对生长状态相同的细胞同时进行消化，按照不同消化时间3、5、7、10 min收集细胞，每个消化时间段三组重复，用台盼蓝染色法统计消化后细胞数及活细胞数，统计活细胞率。

二、结果

（一）羊驼黑素细胞形态

在光学显微镜下可以观察到的羊驼黑素细胞呈梭形，两端有树突状凸起，排布紧密，在此培养条件下细胞状态良好（见图5-1）。

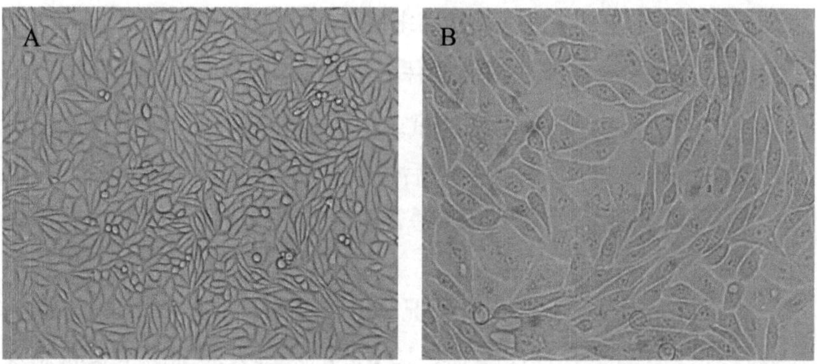

100 倍镜　　200 倍镜

图5-1 羊驼黑素细胞

（二）不同接种密度下的细胞生长曲线

由图5-2可知，A、B组没有发现细胞周期变化，至培养结束时为止，细胞数均未达到最大值。相比于其他组细胞，转染浓度为5.0×10^5个/mL时细胞生长情况最好，其细胞数明显高于其他五组，图中可以明显的区分出潜伏期、对数生长期、稳定期和凋亡期。其中第1～2 d为潜伏期，细胞开始贴壁，并有少量细胞开始增殖但总的细胞数变化不是很大，而第2～4 d为细胞对数生长期，细胞开始快速的分裂增殖，第5～7 d为稳定期，期间细胞数基本保持恒定，第7 d之后为凋亡期，细胞不断出现衰老死亡的现象。

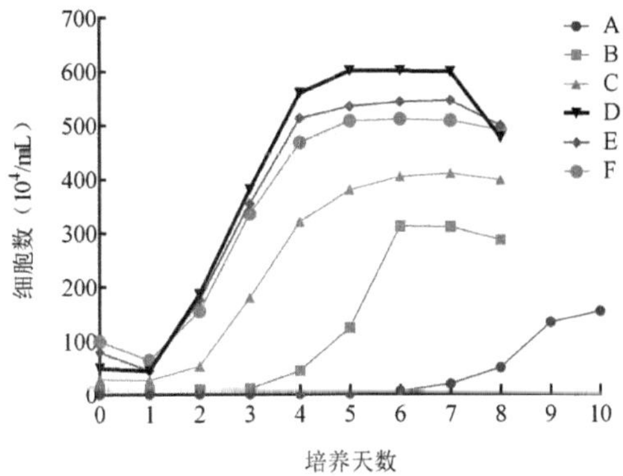

A、B、C、D、E、F分别代表不同品细胞接种密度1.0×10^4、1.0×10^5、3.0×10^5、5.0×10^5、8.0×10^5、1.0×10^6

图5-2　细胞生长曲线

（三）不同接种密度下细胞生长情况比较

由图5-2可知，6组细胞的生长规律都是先增加后减少，变化均极显著（P<0.01）。其中第4组即接种密度为5.0×10^5个/mL时的细胞数在不同生长阶段均极显著高于其他组（P<0.01），在第4 d细胞数

目达到最大值，且其细胞数在所有组中也是最高的；而其他组均在第7 d以后细胞数达到最多，第7 d细胞数均有所减少。

如图5-3所示，由于接种密度为8.0×10^5个/mL时的细胞生长状态与5.0×10^5个/mL接种密度下细胞生长状态无明显差别，以5.0×10^5个/mL接种密度为例。如图5-4所示，可以看出其中A组细胞量最少，接种后细胞无法聚集，增殖缓慢，A4以后细胞才开始快速增殖，A5组时细胞都没贴满，只达到培养板的65%以上；C组细胞接种量适中，分布均匀，待渡过缓冲期后，细胞立刻快速增殖，第4 d时已经布满细胞板的95%以上，第7 d时开始堆积，大量死细胞开始出现；B组细胞量稍少于C组，细胞贴壁后增殖较快，但相比于D组细胞生长稍慢，第7 d时细胞布满细胞板，之后开始出现死细胞，进入衰亡期；D组细胞量较多，但第1 d时贴壁细胞较少，大部分细胞并没有贴壁，第2 d时细胞基本完全贴壁，但仍然有部分死细胞出现，换液之后细胞开始快速增殖，到第4 d时细胞处于对数期，增殖较快，第7 d时达到80%以上，第10 d之后开始出现凋亡细胞。结果分析可以看出当接种密度为5.0×10^5个/mL时，细胞生长状态最好，接种密度最佳。

图5-3　不同接种密度的羊驼黑素细胞在不同生长阶段的生长柱形图

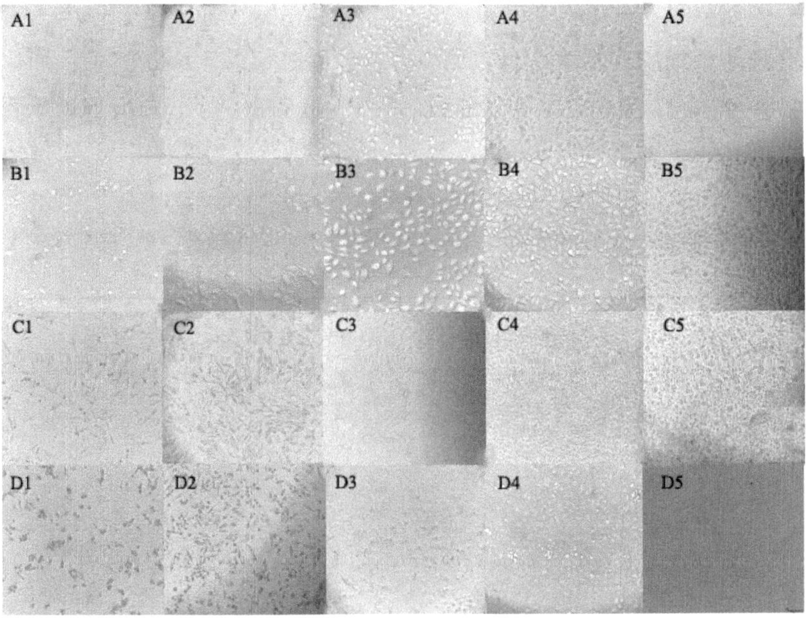

A、B、C、D 分别代表接种密度为 1.0×10^4、1.0×10^5、5.0×10^5、1.0×10^6 个 /mL 的细胞生长状况，而 1、2、3、4、5 分别代表接种 1、2、4、7、10 d 时的细胞生长状况

图5-4　不同接种浓度下的细胞生长状况

（四）不同胰酶消化时间对细胞生长状况的影响

由于消化2 min时大量细胞无明显形变，少数细胞开始脱落，所以只对消化3、5、7、10 min后的细胞状况做统计学分析。如表5-3所示，通过对消化后的总细胞数、活细胞数、活细胞率的统计，并进行单因素方差分析，结果显示，消化3 min后75%以上的细胞开始形变，细胞存活率达到85%以上，差异显著（$P<0.05$）；消化5 min时，98%以上的细胞发生形变、脱落，细胞存活率为95%以

上，差异性极显著（$P<0.01$）；消化7 min时，细胞全部形变、大量脱落，细胞存活率降低到81%，差异性极显著（$P<0.01$）；消化10 min时，大量细胞漂浮，细胞存活率降至75%以下，差异性极显著（$P<0.01$）。由表5-2可知，胰酶消化时间最适为5 min，时间过短消化不完全，时间过长细胞活力降低。

表 5-2 细胞活力比较

消化时间（min）	总细胞数（/10^5个）	活细胞数（10^5个）	细胞存活率（%）
3	4.35 ± 0.05	3.81 ± 0.12	88*
5	5.87 ± 0.21	5.75 ± 0.32	98**
7	5.90 ± 0.10	4.90 ± 0.36	81**
10	5.82 ± 0.78	4.24 ± 1.34	75**

*代表$P<0.05$；**代表$P<0.01$。

三、小结

形态学特征是每种细胞特有的性状特点，但是不同物种的同类细胞之间同样存在着差异。本试验中培养的羊驼黑素细胞多为树突状，也有三角形，或卵圆形。适宜的接种密度关乎着细胞能否发挥最佳生长潜能。我们对羊驼黑素细胞的最适起始接种密度进行了研究，筛选适宜的细胞接种密度，对于获得最大量的羊驼黑素细胞，为后期试验的顺利展开是非常必要的。

本试验通过对不同接种密度下羊驼黑素细胞的体外培养生长情况的研究，结果表明羊驼黑素细胞体外培养的最适接种密度为

5×10^5个/mL左右，细胞与细胞，细胞与培养板的粘连靠细胞膜上的纤连蛋白（fibronectin）、层粘连蛋白（laminin）等的作用，而不同类型的细胞贴壁能力也不同。胰酶可以特异性地破坏此类蛋白的结构，使其失活，从而使体外培养的细胞呈单个离散的细胞，但是消化时间过长会破坏细胞膜导致细胞死亡，而EDTA是一种金属螯合剂，可与Ca^{2+}、Mg^{2+}螯合，从而使粘连蛋白失活，作用相对于胰酶较温和，消化效果更好。所以本试验中选用0.25%胰酶+EDTA混合液比只加胰酶具有较优的消化效率。

本试验通过方差分析法统计不同消化时间内，所得活细胞数及活细胞率的高低，筛选胰酶消化的最佳时间，从而在保证消化效率的同时，使细胞活力不受胰酶的损伤。试验结果表明最佳的胰酶消化时间为5 min。此时贴壁细胞完全发生形变，用移液枪轻轻吹打，细胞会立即脱落，同时细胞活力最旺盛，细胞存活率最大。缩短和延长消化时间都会使最终收集到的活细胞数少于消化5 min时的活细胞数。

本试验对羊驼黑素细胞培养条件优化，认为5×10^5个/mL的接种密度可以使细胞达到最佳的生长状态，最佳消化条件为0.25%胰酶+EDTA于37℃培养箱消化5 min。通过细胞培养条件的优化，为后续以黑素细胞为基础开展的试验提供有力的技术支持。

第二节　*miR-148a-3p*靶基因*MITF*验证

*miR-148a-3p*靶基因*MITF*验证利用PCR方法，根据*MITF* 3' UTR野生型载体序列信息设计突变引物将靶序列GCACTGA（1674-1680）突变为CGTGACT，TGCACTG（2931-2937）突变为ACGTGAC和GCACTGA（1674-1680）突变为CGTGACT；

TGCACTG（2931-2937）突变为ACGTGAC，以野生型载体为模板PCR扩增*MITF*基因的3' UTR突变序列，将其克隆到pmiR-RB-REPORT™双荧光素酶报告载体中，所用载体的报告荧光为hRluc，校正荧光为hluc（做内参校正）。

一、主要材料及方法

（一）主要材料

限制性内切酶（Fermentas，美国），质粒提取试剂盒（天根，中国），Phusion DNA聚合酶（Fermentas，美国），DNA凝胶纯化试剂盒（天根，中国），DNA产物纯化试剂盒（天根，中国），连接反应液（Fermentas，美国），普通DNA聚合酶（Fermentas，美国），DH5α感受态细胞（天根，中国）。

（二）方法

1. 生物信息学分析*miR-148a-3p*在靶基因*MITF*上的结合位点

利用在线软件（TargetScan 5.2:www.targetscan.org; miRBase，microrna.sanger.ac.uk）分析*miR-148a-3p*在靶基因*MITF*上的结合位点。

2. 基因序列分析

对基因序列及载体序列分析，可以利用XhoI，NotI两个限制性内切酶将目的基因片段克隆到载体中，载体图谱如图5-5所示。

设计扩增引物如下：

m_*MITF*_3UTR_F：GCGCTCGAGCTGACCTGCTGGCTTTTA。

m_*MITF*_3UTR_R：AATGCGGCCGCATGCTTTAATGAGGCTATGA。

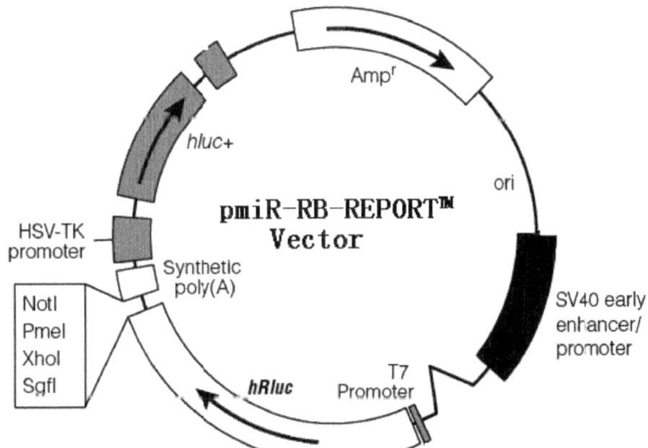

图5-5 双荧光素酶报告载体

下划线分别为XhoI，NotI酶切位点序列，之前序列为保护碱基，引物扩增总长度为2 422 bp。

m_*MITF*_mut1_F1666：TTGGACCACGTGACTCTGAACTGTAACTAGGAG。

m_*MITF*_mut1_R1688：CAGTTCAGAGTCACGTGGTCCAAAAGAGACTGC。

m_*MITF*_mut2_F2921：TGAAAAAAAAACGTGACGGGAGAAGTTGATGTTGA。

m_*MITF*_mut2_R2947：AACTTCTCCCGTCACGTTTTTTTTCAGAAATATT。

3. PCR

反应体系设计为30 μL总体系，具体是5 × Phusion Buffer 6 μL，2.5 mM dNTP mix 2.4 μL，上下游引物（10 μM）各1 μL，Phusion DNA聚合酶（2 U/μL）0.3 μL，DNA模板1 μL（约100 ng），用灭菌水补足30 μL体系。反应条件为（降落PCR）：98℃ 2 min预变性，

循环内98℃ 10 s变性，从65℃每个循环降1℃退火，72℃延伸90 s，10个循环；再98℃ 10 s变性，60℃退火，72℃延伸90 s，进行15个循环；PCR反应循环后72℃继续延伸3 min，然后4℃保存。

PCR反应完取5 μL PCR产物进行1.5%琼脂糖电泳分析。

4. PCR产物的纯化

按照凝胶纯化试剂盒说明书进行纯化产物。

5. 酶切

用XhoI，NotI对上述纯化产物和载体进行双酶切，酶切反应体系如下：10 × H缓冲液4 μL，DNA约2 μg，内切酶（10 U/μL）各1 μL，灭菌去离子水补足到40 μL。反应条件37℃，4 h。

6. 酶切回收纯化

酶切后回收纯化酶切产物。按照纯化试剂盒说明书进行纯化产物。

7. 连接

连接反应体系如下：

目的片段DNA 2 μL（约150 ng），载体0.5 μL（约50 ng），solution I快速连接液5 μL，灭菌去离子水补足到10 μL，16℃连接30 min。

8. 转化

取连接产物加到100 μL DH5 α感受态细胞中混匀，冰浴30 min。将上述转化液置于42℃水浴90 s，取出后立即置于冰浴中放置2 ~ 3 min。向其中加入900 μL 37℃预热的LB（不含抗生素）培养基，150 r/min、37℃振荡培养45 min。2 500 r/min离心5 min，将上清液吸走，留100 μL混匀菌液，加到含Amp抗生素LB固体琼脂培养基上（抗生素浓度100 μg/mL），用无菌的弯头玻棒轻轻地将细胞均匀涂开。至平板表面干燥，倒置平板，37℃培养12 ~ 16 h。

9. 菌落PCR鉴定

挑取上述平板上的单菌落，溶到3 μL水中，取0.5 μL做模板，进行PCR。反应体系设计为10 μL总体系，具体是10×Taq buffer Buffer 1 μL，25 mM $MgCl_2$ 1.6 μL，2.5 mM dNTP mix 1 μL，载体上下游引物（10 μM）各0.5 μL，Taq DNA聚合酶（2.5 U/μL）0.3 μL，DNA模板0.5 μL（约100 ng），用灭菌水补足10 μL体系。反应条件为95℃ 3 min预变性，循环内95℃ 30 s变性，56℃退火，72℃延伸1 min；20个循环；PCR反应循环后72℃继续延伸3 min，然后4℃保存。

共挑取5个菌落，进行PCR。PCR反应完取5 μL PCR产物进行1.5%琼脂糖电泳分析。

10. 将阳性的克隆送测序公司测序进一步鉴定

11. 突变载体构建

利用PCR突变的方法，在野生型载体基础上，设计突变引物将靶序列

位点一：GCACTGA（1674-1680）突变为CGTGACT；

位点二：TGCACTG（2931-2937）突变为ACGTGAC；

位点三：GCACTGA（1674-1680）突变为CGTGACT；TGCACTG（2931-2937）突变为ACGTGAC。

（1）单突变载体构建。

a. 突变分段PCR。以野生型载体为模板，选择其中一个突变位点，分别扩增含突变序列的两段序列。反应体系设计为30 μL总体系，具体是5×Phusion Buffer 6 μL，2.5 mM dNTP mix 2.4 μL，上下游引物（10 μM）各1 μL（上游引物与突变下游引物配对，突变上游引物与下游引物配对），Phusion DNA聚合酶（2 U/μL）0.3 μL，DNA模板1 μL（约100 ng），用灭菌水补足30 μL体系。反应条件为（降落PCR）：98℃ 2 min预变性，循环内98℃ 10 s变性，从65℃

每个循环降1℃退火，72℃延伸30 s；10个循环；再98℃ 10 s变性，60℃退火，72℃延伸30 s，进行15个循环；PCR反应循环后72℃继续延伸3 min，然后4℃保存。

PCR反应完取PCR产物进行1.5%琼脂糖电泳分析并纯化回收。按照纯化试剂盒说明书进行纯化产物。

b. 突变两段拼接。反应体系设计为10 μL总体系，具体是上述纯化产物各取1 μL，5 × Phusion Buffer 2 μL，2.5 mM dNTP mix 0.8 μL。Phusion DNA聚合酶（2 U/μl）0.1 μL，用灭菌水补足10 μL体系。反应条件为（降落PCR）：98℃ 2 min预变性，循环内98℃ 10 s变性，从60℃每个循环降1℃退火，72℃延伸30 s，7个循环；再98℃ 10 s变性，55℃退火，72℃延伸30 s，进行10个循环；PCR反应循环后72℃继续延伸3 min，然后4℃保存。

c. 拼接后PCR。反应体系设计为30 μL总体系，具体是5 × Phusion Buffer 6 μL，2.5 mM dNTP mix 2.4 μL，上下游引物（10 μM）各1 μL，Phusion DNA聚合酶（2 U/μL）0.3 μL，DNA模板1 μL（约100 ng），用灭菌水补足30 μL体系。反应条件为（降落PCR）：98℃ 2 min预变性，循环内98℃ 10 s变性，从65℃每个循环降1℃退火，72℃延伸30 s，10个循环；再98℃ 10 s变性，60℃退火，72℃延伸30 s，进行15个循环；PCR反应循环后72℃继续延伸3 min，然后4℃保存。

PCR反应完取PCR产物进行1.5%琼脂糖电泳分析并纯化回收。按照纯化试剂盒说明书进行纯化产物。

d. 酶切。用XhoI，NotI对上述纯化产物和载体进行双酶切，酶切反应体系如下：10 × H缓冲液4 μL，DNA约2 μg，内切酶（10 U/μL）各1 μL，灭菌去离子水补足到40 μL。反应条件37℃，4 h。

e. 酶切回收纯化。酶切后回收纯化酶切产物。按照纯化试剂盒说明书进行纯化产物。

f. 连接。连接反应体系如下：目的片段DNA 2 μL（约150 ng），载体0.5 μL（约50 ng），solution I快速连接液5 μL，灭菌去离子水补足到10 μL，16℃连接30 min。

g. 转化。取连接产物10 μL加到100 μL DH5 α 感受态细胞中，混匀，冰浴30 min。将上述转化液置于42℃水浴90 s，取出后立即置于冰浴中放置2 ~ 3 min。向其中加入900 μL 37℃预热的LB（不含抗生素）培养基，150 r/min、37℃振荡培养45 min。2 500 r/min离心5 min，将上清液吸走，留100 μL混匀菌液，加到含Amp抗生素LB固体琼脂培养基上（抗生素浓度100 μg/mL），用无菌的弯头玻棒轻轻的将细胞均匀涂开。至平板表面干燥后，倒置平板，37℃培养12 ~ 16 h。

h. 菌落扩大培养提取质粒。挑取上述平板上的单菌落，接种到含Amp抗生素（抗生素浓度100 μg/mL）的4 mL LB液体培养基中，于220 r/min摇床培养12 h；然后提取质粒。

（2）双突变载体构建。以单突变型载体为模板，按如上方法突变另一个位点。

（3）测序结果。挑取上述平板上的单菌落，接种到含Amp抗生素（抗生素浓度100 μg/mL）的4 mL LB液体培养基中，于220 r/min摇床培养12 h；然后提取质粒。将质粒送测序公司测序鉴定。

12. 双荧光素酶报告试验

293T细胞常规培养于37℃，5%的CO_2的条件下。取对数生长期的293T细胞，以每孔1.5×10^4细胞接种于96孔板中，每孔总体积100 μL，于37℃培养箱中培养24 h。取10 μL OPTI-MEM培养基稀释miRNA mimics或Non-target Control，15 μL OPTI-MEM培养基稀释靶基因3' UTR双报告基因载体或突变载体，25 μL OPTI-MEM培养基稀释0.25 μL LipofectamineTM 2000试剂，5 min后三者混合，共50 μL，轻轻摇匀，静置20 min。将质粒、mimics加入细胞前，每孔先吸走50 μL培养基，然后再加入上述50 μL混合液，最终每孔总体积100 μL。其中mimics转染浓度均为50 nM，质粒浓度为100 ng/孔，每组设3个复孔。6 h后再加100 μL新鲜培养基。检测荧光前，将试剂盒的luciferase底物与luciferase buffer混合后分装，−80℃贮存，使用前平衡至室温，stop & Glo buffer分装后−80℃贮存，使用前平衡至室温并取适量加入stop & Glo底物，现配现用。转染48 h后吸出培养基，以35 μL/孔加入新鲜培养基，并加入luciferase底物35 μL/孔，振荡10 min，测定荧光值。加入30 μL Stop reagent，振荡10 min，以荧光照度计测定荧光值。

二、结果

（一）生物信息学分析*miR-148a-3p*靶基因*MITF*结合位点

MITF 3' UTR区共有两个*miR-148a-3p*结合位点GCACTGA（site 1）和TGCACTG（site 2），如图5-6所示。

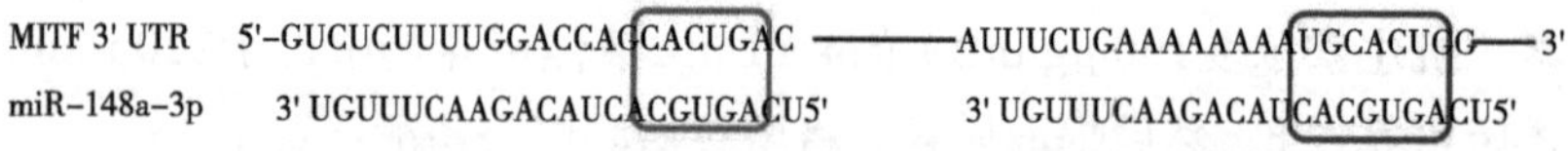

图5-6　*miR-148a-3p*在靶基因*MITF*上的结合位点

（二）扩增产物

PCR反应完取5 μL PCR产物进行1.5%琼脂糖电泳分析，如图5-7所示，扩增大小与理论大小相符，约2 500 bp左右。

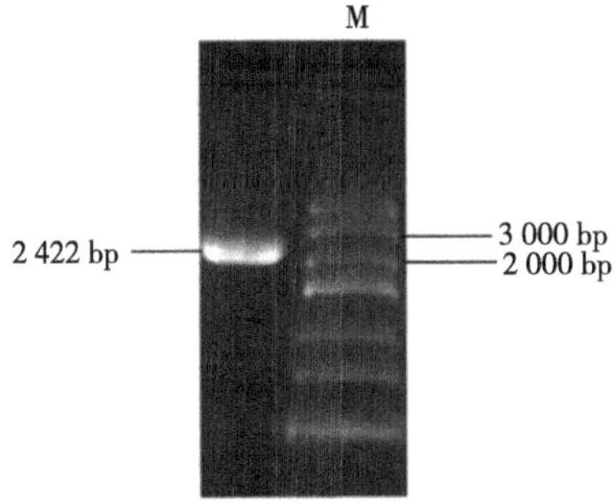

图5-7　PCR产物电泳结果图（M：D5000）

（三）阳性克隆测序结果

测序结果存在以下突变，在135 bp处比在NCBI上缺失了2个T，1 120 bp处比在NCBI上缺失了一个T，1 473 bp处比在NCBI上缺失了一个G。

（四）突变后测序结果

测序结果显示，成功将靶序列

位点一：GCACTGA（1674–1680）突变为CGTGACT；

位点二：TGCACTG（2931–2937）突变为ACGTGAC；

位点三：GCACTGA（1674–1680）突变为CGTGACT；TGCACTG（2931–2937）突变为ACGTGAC。

（五）双荧光素酶报告载体分析结果

pmiR-RB-REPORT™双荧光素酶报告载体，所用载体的报告荧光为hRluc，校正荧光为hluc（做内参校正），将*MITF*的3' UTR区克隆至hRluc基因下游，*miR-148a-3p*是通过3' UTR区作用于靶基因，因此将*miR-148a-3p*与构建好的报告基因载体共转，通过报告基因相对荧光值的下调来印证*miR-148a-3p*与靶基因*MITF*的相互作用。

结果显示野生型*MITF* 3' UTR载体与*miR-148a-3p mimic*共转入293T细胞后，*MITF*表达被显著抑制（P<0.01，图5-8）。突变*MITF*上第一个*miR-148a-3p*结合位点抑制作用没有受到阻碍（P<0.01，图5-8），而突变*MITF*第二个*miR-148a-3p*结合位点或两个*miR-148a-3p*结合位点后，转染*miR-148a-3p*发现*MITF*没有受到抑制（P>0.05，图5-8）。因此，*miR-148a-3p*主要与*MITF*第二个结合位点结合以抑制*MITF*表达。

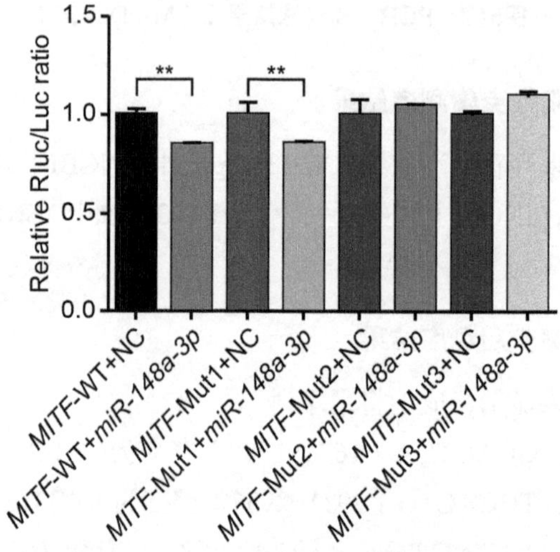

MITF 3' UTR 荧光素酶报告质粒与 *miR-148a-3p* 模拟物共转染 HEK 293T 细胞，*MITF*-WT：*MITF* 3' UTR 序列为野生型；*MITF*-Mut1：突变 *miR-148a-3p* 结合位点 1；*MITF* -Mut2：突变结合位点 2；*MITF*-Mut3：1 和 2 两个结合位点同时突变；*MITF*-WT+NC：*MITF* 野生型 +mmu-miR-148a-3p 的阴性对照；*MITF*-Mut1+NC：突变 miR-148a-3p 结合位点 1+*mmu-miR-148a-3p* 的阴性对照；*MITF*-Mut2+NC: 突变 *miR-148a-3p* 结合位点 2+*mmu-miR-148a-3p* 的阴性对照；*MITF*-Mut3+NC: 1 和 2 两个结合位点同时突变 +*mmu-miR-148a-3p* 的阴性对照。海肾荧光素酶为校正荧光。** 代表 P<0.01

图5-8　*miR-148a-3p*对*MITF*靶基因表达的影响

三、小结

利用生物信息学软件分析*miR-148a-3p*在*MITF* 3' UTR区有两个结合位点，GCACTGA（site 1）和TGCACTG（site 2）。经双荧光素酶报告载体试验验证*miR-148a-3p*与*MITF*结合的位点是第二个TGCACTG（site 2）。

第三节　*miR-148a-3p*对*MITF*基因及下游基因表达的调控

一、主要材料与方法

（一）试验材料

羊驼第6代黑素细胞（山西农业大学羊驼生物工程实验室提供）。

（二）主要试剂

RiboFECTTM CP转染试剂（锐博，中国），micrONTM miRNA系列物（锐博，中国），Trizol Reagent（Invitrogen，美国），去基因组DNA反转录试剂盒（Takara，中国），miRcute miRNA cDNA第一链合成试剂盒（天根，中国），miRcute miRNA荧光定量检测试剂盒（天根，中国），D2000 DNA Maker（康为世纪，中国），PMSF、RIPA裂解液（碧云天，中国），MITF、TYR、TYRP1和TYRP2抗体（abcam，美国），二抗鼠抗兔IgG HRP标记（康为世纪，中国）。

（三）方法

1. 细胞转染及转染浓度优化

（1）用RNase-free H_2O稀释配制1 × ribo*FECT*™CP Buffer，稀释

成熟miRNA系列物，其中miRNA mimic初始浓度为50 nM，miRNA inhibitor浓度为100 nM。

（2）稀释mimic：用120 μL 1 × ribo*FECT*™CP Buffer稀释5 μM miRNA mimic，轻轻混匀。

（3）混合液配制：加入12 μL ribo*FECT*™CP Reagent，轻轻吹打混匀，室温孵育15 min。

（4）将ribo*FECT*™CP混合液加入到细胞培养基中，轻轻混匀。

（5）将培养板置于37℃的CO_2培养箱中培养48 h。

（6）48 h后收集细胞，用Trizol法提取细胞RNA，做后续实验。

（7）以6孔板细胞的培养条件为例，对转染用mimic浓度作最适浓度调整，如表5-3所示，按照浓度梯度进行细胞转染，运用qRT-PCR 验证*miR-148a-3p*的表达情况，确定最佳转染浓度。

表 5-3　miRNA 转染浓度

miRNA转染量（μL）	miRNA终浓度（nM）
10	100
5	50
3	30
1	10

2. 用Trizol裂解法提取羊驼黑素细胞总RNA

转染48 h后提取RNA，弃掉6孔板中的培养液，用37℃预热的无Ca^{2+}、Mg^{2+}的PBS缓冲液轻轻洗涤细胞三次，弃掉PBS；每孔1 mL滴加Trizol裂解液；室温放置5 min，细胞充分裂解后加入1/5体积的氯仿（200 μL），剧烈涡旋15 s室温放置3 min；4℃、12 000 r/min离心15 min，离心完后轻轻取出，小心吸取上清于另一干净预冷的离心管中，加等体积预冷的异丙醇，充分混匀后室温放置10 min，4℃、12 000 r/min离心10 min，弃上清，加入1 mL预冷的75%的乙醇，吹打混匀后4℃ 7 500 r/min离心5 min；室温干燥5 min，使75%的乙醇挥发，剩余管底的白色沉淀即为RNA，加30 μL RNase-free水，用枪头吹打混匀，吸取其中10 μL用于测定RNA浓度和纯度，其他部分-80℃冷冻保存。

利用核酸蛋白检测仪进行浓度质量测定。同时进行电泳检测。

3. RNA的逆转录

按照表5-4反应体系加入试剂至总体积为20 μL/管。瞬时离心，37℃、60 min反应。

表 5-4 加 Poly（A）反应体系

试剂	体积（μL）	终浓度
Total RNA	—	2 μg
E.coli Poly（A）Polymerase（5U/μL）	0.4	2
10 × Poly（A）Polymerase Buffer	2.0	1 ×
5 × rATP Solution	4.0	1 ×
RNase-Free ddH_2O	Up to 20.0	—

对Poly（A）修饰的miRNA进行逆转录反应按照表5-5的组分配制反应液。短暂离心后37℃反应60 min。

表 5-5 miRNA 的逆转录反应体系

试剂	体积（μL）
Poly（A）反应液	2.0
10 × RT Primer	2.0
10 × RT Buffer	2.0
Super Pure dNTPs	1.0
RNasin（40U/μL）	1.0
Quant RTase	0.5
RNase-Free ddH_2O	11.5（Up to 20.0）

4. 总RNA的逆转录

按照如表5-6的反应体系加入相应的试剂。

表 5-6 总 RNA 逆转录反应体系（第一步）

试剂	体积（μL）
5 × gDNA Eraser Buffer	2.0
gDNA Eraser	1.0
Total RNA	0.5
RNase-Free ddH_2O	Up to 10.0

42℃保温2 min，4℃保存。按照表5-7的反应体系加入相应的试剂。37℃保温15 min，85℃反应5 s，4℃保存备用。

表 5-7 总 RNA 逆转录反应体系（第二步）

试剂	体积（μL）
上步反应液	10.0
RT Primer Mix	1.0
5 × Prime Script Buffer 2（for Real time）	4.0
Prime Script RT Enzyme Mix I	1.0
RNase Free ddH_2O	4.0（Up to 20.0）

5. 相关引物设计及测序分析

根据NCBI所提供的羊驼基因序列，运用在线引物设计软件设计引物（表5-8）。

表 5-8 PCR 引物

基因	引物Primers（5'-3'）
MITF	CGAAAGTTGCAACGRGAACAGCA GAGCCTGCATTTCAAGTTCCTGTA
TYR	TGCCATCTTTGATGAGTGG CTGGAGGGAAGAAAGGAAC
TYRP1	GCCTTCTTTCTCCCTTC ACAGACCACTCGCCATT
TYRP2	TGCTTTGCCCTACTGGAAC ATCAGAGTCGATCGTCTG

（续表）

基因	引物Primers（5'-3'）
18S rRNA	GAAGGGCACCACCAGGAGT CAGACAAATCACTCCACCAA
miR-148a-3p	TCAGTGCACTACAGAACTTTGT
U6	ATGGACTATCATATGCTTACCGTA

6. 相对实时荧光定量PCR检测*miR-148*和*MITF*的表达量

试验共分为空白对照组，转染*miR-148a-3p mimic*组、转染*miR-148a-3p inhibitor*组、转染*mimic negative control*、转染*Inhibitor negative control*组，共五组。按照表5-9和表5-10加入荧光定量PCR加样体系，扩增条件见表5-11。

表 5-9　*miR-148* 荧光定量 PCR 反应体系

反应物	使用量（μL）
ddH_2O	3.6
Forward Primer（10 μM）	0.2
Reverse Primer（10 μM）	0.2
miRNA第一条链cDNA	1.0
miRcute miRNA Premix（with SYBR&ROX）	5.0
Total	10.0

表 5-10　*MITF* 荧光定量 PCR 反应体系

反应物	使用量（μL）
ddH_2O	3.2
Forward Primer（10 μM）	0.4
Reverse Primer（10 μM）	0.4
DNA Template	1.0
SYBR Premix Ex Taq™ Ⅱ（2×）	5.0
Total	10.0

表 5-11　*MITF* 基因的扩增条件

反应阶段	循环数	程序
预变性反应	1	95℃ 30 s
PCR反应	40	95℃ 5 s 55℃ 15 s 72℃ 20 s
形成溶解曲线反应	81	55℃ 30 s 每30 s提高0.5℃至95℃

7. Western blotting检测蛋白质的表达

用细胞刮刮下细胞，将细胞悬液2 000 r/min离心10 min，取细胞沉淀；加入添加了PMSF的RIPA裂解液（最终浓度为1 μmol/L），冰浴，剧烈涡旋混匀；将含有混匀的溶液的离心管放入4℃离心机中，12 000 r/min离心5 min；取上清液即为细胞总蛋白，检测蛋白浓度。

进行SDS-丙烯酰胺凝胶电泳。按上样蛋白量200 ng吸取蛋白溶液，向溶液中添加蛋白质上样缓冲液（6×），使上样缓冲液的终浓度为（1×），煮沸3～5 min，使样品充分变性。电泳后转膜，封闭，孵育抗体（MITF为1：2 000，β-actin为1：1 000），4℃过夜孵育。TBST常温摇床上漂洗NC膜，孵育抗体，用TBST漂洗NC膜。曝光显色。根据膜上的maker推断目的蛋白的位置，并确定所提蛋白中是否含有目的蛋白。

8. 数据统计分析

根据RT-PCR获得Ct值数据以及相应的扩增曲线和溶解曲线，再运用△Ct法，即相对表达量=$2^{-\triangle\triangle Ct}$。结合GraphPad Prism统计学分析软件，单因素方差分析样品显著性，作出相应的柱状图。

扫描胶片，应用Image-Pro Plus6.0软件对羊驼MITF和内参β-actin免疫印迹结果进行分析，测定目的条带面积和灰度值，目的蛋白与内参对比，进行半定量分析。蛋白含量=条带面积×平均灰度；目的蛋白半定量值=目的蛋白含量/β-actin蛋白含量。计算作图分析差异表达是否存在显著性。

二、结果分析

（一）总RNA提取后电泳结果

如图5-9所示，每孔总RNA分别有28 s，18 s，5 s三条带，其中28 s最亮，5 s最暗，RNA浓度约1 000 ng/μL，1.8<260/280<2.0质量优，无蛋白和DNA污染，能够进行后续试验。

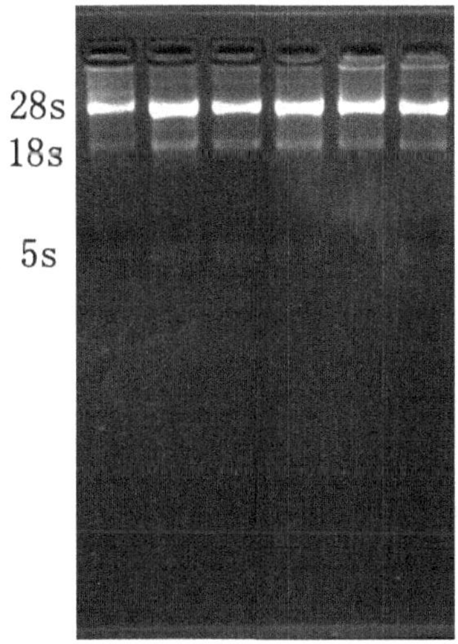

图5-9　RNA电泳图

（二）*miR-148a-3p*不同转染浓度的实时荧光定量PCR结果

如图5-10所示，当转染浓度为10 nM时，细胞内*miR-148a-3p*的量基本与正常细胞组一致，差异不显著（P>0.05）；当转染浓度为30 nM时，细胞内*miR-148a-3p*的量略高于正常细胞组，但差异不显著（P>0.05）；当转染浓度为50 nM时，细胞内*miR-148a-3p*的量为正常细胞组的15倍左右，差异极显著（P<0.01）；当转染浓度为100 nM时，细胞*miR-148a-3p*的量高于正常组，为12倍左右，差异极显著（P<0.01），但低于50 nM转染组。由此可知，转染浓度不是越高越好，高浓度的转染试剂可能会损伤细胞组织，同时也造成试剂浪费。最终本试验选取50 nM为最佳转染浓度，后续试验中所用转染试剂，其转染浓度均为50 nM。

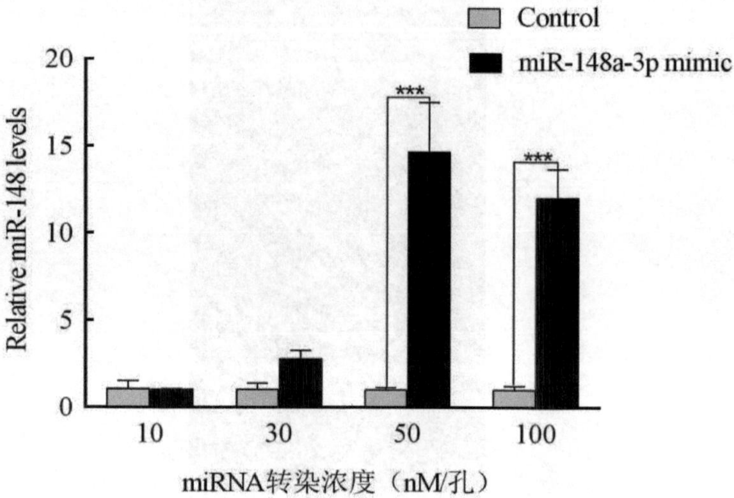

图5-10　不同浓度*miR-148a-3p*的转染效率

（三）*miR-148a-3p*的相对表达量

如图5-11A所示，其中Control表示空白组；*miR-148a-3p mimic*表示过表达*miR-148a-3p*组；*miR-148a-3p inhibitor*表示*miR-148a-3p*抑制组；抑制正常细胞中*miR-148a-3p*的表达；*mimic negative control*表示阴性对照组；*inhibitor negative control*表示阴性对照抑制组，只对该无关miRNA有抑制作用，对*miR-148a-3p*无影响，对黑色素表达无影响。结果表明：其中转染*miR-148a-3p mimic*组的*miR-148a-3p*的相对表达水平是正常组表达水平的15倍左右，表达结果差异性极显著（$P<0.01$）；而其他组的*miR-148a-3p*的表达水平基本接近于正常组，表达结果差异性不显著（$P>0.05$），与过表达组相比，差异性极显著（$P<0.01$）。

（四）*MITF*及下游基因的相对表达量检测结果

如图5-11B所示，同批次样品中，转染后的四组*MITF*的相对表达量与正常组相比稍高，但差异性分析结果显示，与正常空白组相比，差异不显著（$P>0.05$），说明当细胞中过表达*miR-148a-3p*时，*MITF*基因的mRNA水平不会随之改变，即*miR-148a-3p*并不调控*MITF*的转录；而抑制*miR-148a-3p*的表达，同样不会影响*MITF*基因的mRNA。但*MITF*的下游基因*TYR*、*TYRP1*和*TYRP2*的mRNA表达量受到了抑制（$P<0.01$，图5-11C；$P<0.01$，图5-11D；$P<0.05$，图5-11E）。

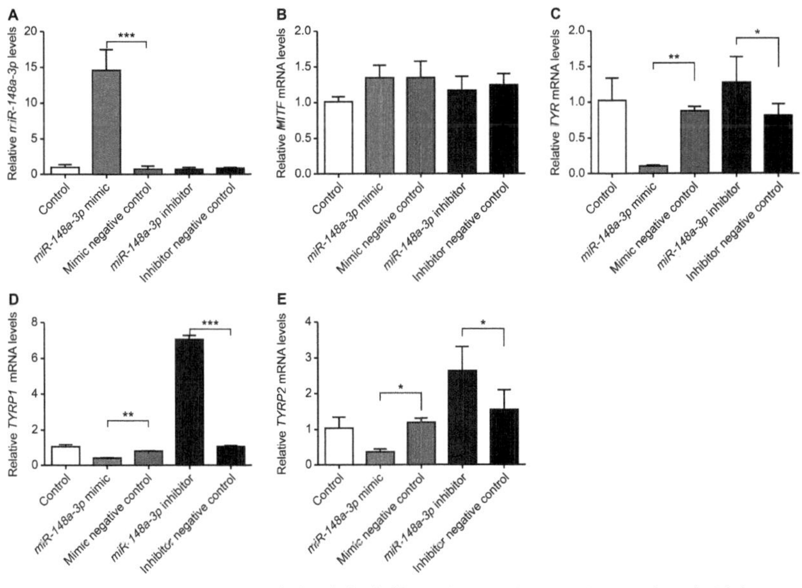

图A表示*miR-148a-3p*的相对表达量；图B，图C，图D，图E分别表示*MITF*、*TYR*、*TYRP1*和*TYRP2*的mRNA相对表达量

图5-11　黑素细胞中相关基因mRNA的相对表达量

（五）MITF 及下游基因的蛋白表达检测结果

如图5-12A所示，对转染后的五组细胞，分别提取总蛋白，Western blotting检测MITF、TYR、TYRP1和TYRP2在五组蛋白中表达情况，每个样品三组重复，MITF的条带大小为56kD，β-actin的条带大小为42kD，曝光结果可以看出其中内参β-actin的表达量在各个组分中恒定不变，曝光条带大小，深浅保持一致，而MITF的条带曝光深浅不一，其中过表达*miR-148a-3p*组条带窄于空白对照组，*miR-148a-3p*抑制组条带曝光比对照组深，阴性对照组和阴性对照抑制组曝光条带与空白对照组相比相差不大。如图5-12B灰度值分析结果显示，过表达*miR-148a-3p*的MITF蛋白表达量低于阴性对照组，差异极显著（$P<0.001$，图5-12A，图5-12B）；过表达*miR-148a-3p*的TYR蛋白表达量低于对照组，差异极显著（$P<0.01$，图5-12A，图5-12C）；过表达*miR-148a-3p*的TYRP1蛋白表达量低于阴性对照组，差异极显著（$P<0.01$，图5-12A，图5-12D）；过表达*miR-148a-3p*的TYRP2蛋白表达量低于阴性对照组，差异极显著（$P<0.001$，图5-12A，图5-12E）；结果说明过表达*miR-148a-3p*能够有效抑制*MITF*的表达，而抑制内源性*miR-148a-3p*的活性，会促进MITF、TYR、TYRP1和TYRP2的表达（图5-12A，图5-12B，图5-12C，图5-12D）。

三、小结

通过对不同转染浓度的*miR-148a-3p*进行定量数据分析，获得*miR-148a-3p*最佳转染浓度为50 nM；过表达*miR-148a-3p*，可以抑制MITF的表达；抑制*miR-148a-3p*，可以提高MITF的表达，即*miR-148a-3p*对MITF有负调控作用。

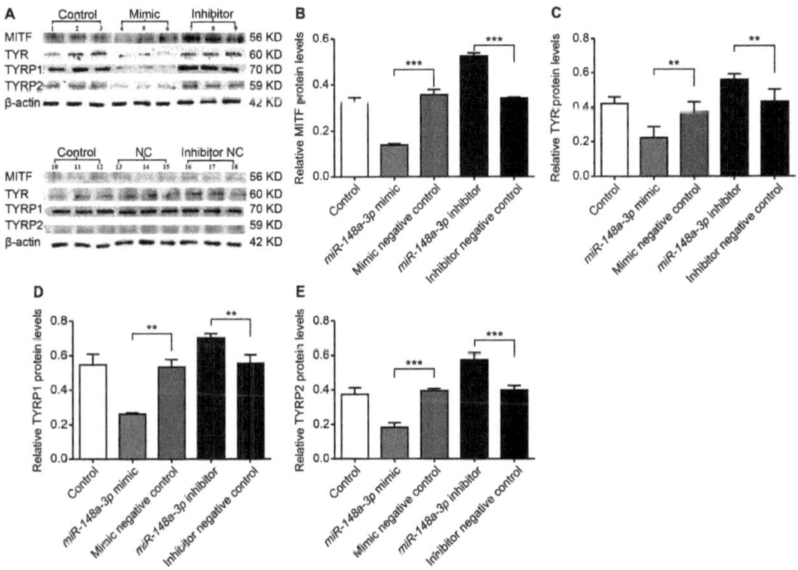

图 A 表示 Western blotting 曝光结果，β–actin 为内参，Control 表示空白对照组，mimic 表示过表达 *miR–148a–3p* 组，Inhibitor 表示抑制组，NC 表示阴性对照组，inhibitor NC 表示阴性对照抑制组；图 B，图 C，图 D，图 E 为 MITF，TYR，TYRP1 和 TYRP2 分析结果；黑色素测定结果，** 代表 $P<0.01$；*** 代表 $P<0.001$

图5–12　Western blotting结果分析图

第四节　*miR-148a-3p*对黑色素合成的影响

一、主要材料与方法

（一）材料

1. 细胞材料

第6代羊驼黑素细胞（山西农业大学羊驼生物工程实验室提供）。

2. 试验试剂

氢氧化钠（天力，中国），RiboFECTTM CP转染试剂（锐博，中国），micrONTM miRNA系列物（锐博，中国）。

（二）方法

1. 细胞培养及细胞转染

（1）用RNase-free H_2O稀释配制1 × ribo*FECT*™CP Buffer，稀释成熟miRNA系列物，其中miRNA mimic初始浓度为50 nM，miRNA inhibitor浓度为100 nM。

（2）稀释mimic：用120 μL 1 × ribo*FECT*™CP Buffer稀释5 μM miRNA mimic，轻轻混匀。

（3）混合液配制：加入12 μL ribo*FECT*™CP Reagent，轻轻吹打混匀，室温孵育15 min。

（4）将ribo*FECT*™CP混合液加入到细胞培养基中，轻轻混匀。

（5）将培养板置于37℃的CO_2培养箱中培养48 h。

（6）48 h后收集细胞，用Trizol法提取细胞RNA，做后续实验。

2. 黑色素含量测定

根据Lee的方法，收集黑素细胞，用PBS冲洗3次并细胞计数。用0.2 mol/L NaOH（10^6个细胞/mL）溶解细胞，分装与96孔板，使用酶标仪在475 nm波长进行测值。最终获得的黑色素含量用μg/10^6个细胞表示，每组重复3次。

3. 数据处理

使用SPSS 16.0进行数据的统计学分析。

二、结果

如图5-13所示，转染*miR-148a-3p* mimic组的黑色素含量显著低于对照组（*P*<0.01），显著低于转染mimic negative control组（*P*<0.001）。*miR-148a-3p* inhibitor组的黑色素含量极显著大于转染*miR-148a-3p* mimic组（*P*<0.001）。

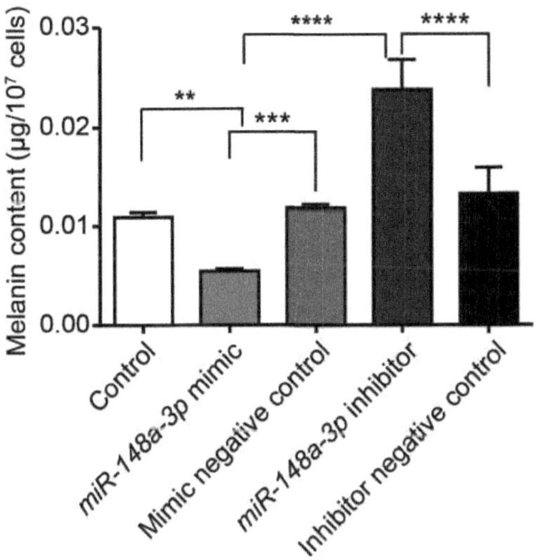

control 表示空白对照组，mimic 表示过表达 *miR-148a-3p* 组，Mimic negative control 表示阴性对照组，*miR-148a-3P* inhibitor 表示抑制组，inhibitor negative control 表示阴性对照抑制组，** 代表 *P*<0.01，*** 代表 *P*<0.001，**** 代表 *P*<0.000 1

图5-13 黑素细胞色素测定

二、小结

过表达*miR-148-3p*后，黑素细胞中的黑色素生成显著降低，抑制*miR-148-3p*后，黑色素生成显著升高，试验结果表明*miR-148-3p*负调控黑素细胞色素生成。

四、讨论

毛发颜色的形成需要经历色素颗粒的形成、色素颗粒的迁移和色素的沉积三个重要过程。每一个部分都受到多个基因调控，有关哺乳动物色素形成的相关基因有400多个，涉及转录因子、酪氨酸激酶受体、生长因子、G蛋白偶联受体和其配体、膜蛋白、结构蛋白和酶（Liu et al.，2016；Su et al.，2013；Yang et al.，2014），其中直接与黑色素形成相关的是三个关键的限速酶：酪氨酸酶（tyrosinase，TYR）、酪氨酸相关蛋白酶1和2（TYRP1，TYRP2）（Villareal et al.，2013）。毛色基因中*MITF*是小眼畸形相关转录因子，是毛色基因中关键的转录调控因子，调控着黑色素形成过程中的三个关键酶（Kim et al.，2010）。很多研究发现*MITF*这一转录因子又受到miRNA的调控，Hallsson等通过信息学软件分析在*MITF*的3' UTR区存在有众多miRNA的结合位点，并且这些位点在11个脊椎动物（人、猩猩、小鼠、大鼠、犬类、牛、大象、猫、兔子、鸡和负鼠）中保守性很强（Hallsson et al.，2010），Bemis等人在黑色素瘤细胞中证明*MITF*受到*miR-137*的调控，并证明了*MITF*存在*miR-137*的靶位点，进一步提出调控*MITF*的miRNA不仅存在这一个，还有miRNA参与了*MITF*的调控（Bemis et al.，2008）。Benedikta等人在黑色素瘤细胞中证明了*miR-148*显著抑制了*MITF*基因的表达（Haflidadóttir et al.，2010）。*miR-25*能抑制羊驼黑色素细胞*MITF*的表达，从而抑制相关色素形成的关键基因的表达，影响色素的沉着（Zhu et al.，2010）。通过对*miR-137*及其靶基因*MITF*的研究，发现*miR-137*可通过与*MITF*的3' UTR的结合阻断*MITF*的转录，影响皮毛颜色的形成（Dong et al.，2012）。马淑慧等（2014）研究者利用双荧光素酶报告载体，确定*miR-488*可通过调节黑素细胞皮质素原参与调控色素沉着。这些研究表明*MITF*不仅受到一个miRNA的调节

（马淑慧，2014）。

在本研究中过表达*miR-148-3p*后，黑素细胞中的黑色素生成显著降低，抑制*miR-148-3p*后，黑色素生成显著升高，试验结果表明*miR-148-3p*负调控黑素细胞色素生成。荧光定量PCR，Western blotting、色素测定结果显示，过表达*miR-148-3p*后，*MITF*基因在mRNA水平的表达量基本不变，*TYR*、*TYRP1*和*TYRP2*显著降低；MITF、TYR、TYRP1和TYRP2蛋白表达显著降低，黑色素生成受到抑制。抑制*miR-148-3p*后，*MITF*在基因水平的表达量变化不显著，*TYR*、*TYRP1*和*TYRP2*在基因水平表达量显著升高，MITF、TYR、TYRP1和TYRP2蛋白表达显著升高，黑色素生成增加。*miR-148a-3p*通过结合*MITF* 3' UTR结合位点2（TGCACTG）抑制了MITF的表达，从而使得转录因子MITF抑制了色素生成关键的酪氨酸家族酶（TYR、TYRP1和TYRP2），导致色素生成受到影响。这一结果为后续的miRNAs对黑素细胞的调控的研究提供了一定基础。

第六章　*miR-101a-3p*和*miR-144a-3p*对羊驼皮肤组织色素形成关键基因的调控机制

本章主要介绍*miR-101a-3p*和*miR-144a-3p*对羊驼皮肤组织色素形成关键基因的调控机制。这两个miRNA也是通过TargetScan软件的生物信息学分析发现，*miR-101a-3p*和*miR-144a-3p*靶作用于*MITF*的3' UTR，并且其结合位点是一致的。*miR-101a-3p*和*miR-144a-3p*的功能在其他的许多肿瘤中都已经进行了验证。但是迄今为止没有在黑素细胞中的色素生成中验证其功能，*miR-101a-3p*和*miR-144a-3p*是否可以调控毛色的变化？机理是什么？都未见报道。*miR-101a-3p*和*miR-144a-3p*靶作用于*MITF*的3' UTR同一位点，那么谁的作用更强呢？本研究通过生物信息学分析，转染黑素细胞，蛋白免疫印迹和免疫组化对*miR-101a-3p*和*miR-144a-3p*调节黑素细胞色素形成进行分析。揭示*miR-101a-3p*和*miR-144a-3p*在黑素细胞生成过程中的调控机制，并且进一步揭示靶作用于mRNA同一位点的miRNAs的作用机制。同时为探讨*miR-101a-3p*和*miR-144a-3p*对*MITF*的分子调控机制提供有力依据，为遗传育种中获得人工调控毛色的动物品系，以及治疗皮肤癌等系列皮肤色素性疾病提供很大的帮助。

第一节 *miR-101a-3p*和*miR-144a-3p*的生物信息学预测及相关基因内源性表达分析

一、主要材料与方法

（一）试验材料

第6代羊驼黑素细胞（山西农业大学羊驼生物工程实验室提供）。

（二）主要试剂与耗材

Trizol Reagent（Invitrogen，美国），DNA反转录试剂盒（Takara，中国），黑素细胞培养基（Science，美国），胎牛血清（四季青，中国），EDTA-胰酶（索来宝，中国），DMSO（索来宝，中国），miRcute miRNA cDNA第一链合成试剂盒（天根，中国），2x Taq PCR Master Mix（康为世纪，中国），Gel Extraction Kit 快速琼脂糖凝胶DNA回收试剂盒（康为世纪，中国），D2000 DNA Maker（康为世纪，中国），EDTA（索来宝，中国）。

（三）*miR-101a-3p*、*miR-144a-3p*及*MITF*的生物信息学预测和筛选

通过DNAMAN软件分析人、牛、鸡、骆驼等物种的*miR-101-3p*、*miR-144-3p*和*MITF* 3' UTR的同源性，通过TargetScan预测*miR-101-3p*和*miR-144-3p*与*MITF* 3' UTR的靶向关系。

二、结果

（一）*miR-101-3p*和*miR-144-3p*的保守性分析

经DNAMAN软件分析，发现人、牛、鸡、鼠等物种的*miR-101a-3p*和*miR-144a-3p*同源性极高，为100%。如图6-1所示，A是*miR-101a-3p*的同源性比对，B是*miR-144a-3p*的同源性比对。

A

```
Homology matrix of 5 sequences
mouse   100%
cow     100.0% 100%
chiken  100.0% 100.0% 100%
human   100.0% 100.0% 100.0% 100%
rat     100.0% 100.0% 100.0% 100.0% 100%
```

B

```
Homology matrix of 5 sequences
cow     100%
chiken  95.2% 100%
human   100.0% 100.0% 100%
rat     100.0% 100.0% 100.0% 100%
mouse   100.0% 100.0% 100.0% 100.0% 100%
```

图6-1 *miR-101a-3p*和*miR-144a-3p*的同源性分析

（二）*MITF* 3' UTR的保守性分析

经DNAMAN软件分析，发现人、骆驼、羊、马等物种的*MITF* 3' UTR同源性极高，均为80%以上（图6-2）。

（三）*miR-101a-3p*、*miR-144a-3p*在*MITF*结合位点的分析

通过TargetScan（http://www.targecan.rg）预测*miR-101a-3p*和*miR-144a-3p*与*MITF*的靶向关系。结果显示示人、小鼠、羊等*miR-101a-3p*和*miR-144a-3p*与*MITF*皆具有靶向关系，并且*miR-101a-3p*和*miR-144a-3p*与*MITF*的3' UTR结合位点一致，如图6-3所示。并且通过DNAMAN分别比对*miR-101a-3p*和*miR-144a-3p*与*MITF*的3'

UTR结合性，发现*miR-144a-3p*与*MITF*的互补率是65%，*miR-101a-3p*与*MITF*的互补率是61.9%，说明*miR-144a-3p*与*MITF*的碱基结合程度大于*miR-101a-3p*与*MITF*的碱基结合程度，推测*MITF*是*miR-101a-3p*和*miR-144a-3p*的靶基因，并且*miR-144a-3p*对*MITF*的调控作用强于*miR-101a-3p*对*MITF*的调控作用。图6-3A是*miR-101a-3p*与*MITF*的结合性位点分析，图6-3B是*miR-144a-3p*与*MITF*的结合性位点分析。

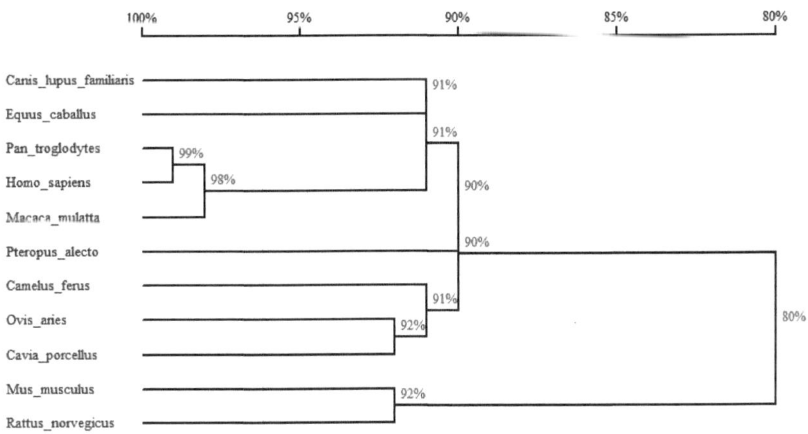

图6-2 *MITF*的同源性分析

三、讨论

在动物中，miRNA主要通过与靶基因mRNA的特异性碱基互补配对，从而抑制靶mRNA翻译，miRNA参与调控细胞分化，组织发育，肿瘤发生发展等多种生命过程（Ganju et al.，2017；Chen et al.，2017）。随着测序技术的发展，大量miRNAs被发现，miRNA靶基因的预测和验证是研究其功能的一个切入点，单个miRNA可以通过调控多个靶基因来参与生命过程，多个miRNA也可以同时作用于同一个mRNA（Mueller et al.，2009；Ding et al.，2015），形成了一个复杂的调控网络。

A

```
Alignment of miR-101a-3p(upper line) and mitf_3' UTR (lower line)
Identity=61.90%(13/21)  Gap=99.34%(3162/3183)

1     ..............TACAGTACTGTGATAACTGAA.........................
                     || ||| |  |||||| |
1261  TTACATATGTATTTCTAGGGTATTAAAATAACTATATTCTTGAAGATTGATAGCCATAGC

22    ............................................................

1321  ATTTACCATGCCCATGATGGTCAATTCAATTAGGATTTATTCAACACACCGGCTAGATT
```

B

```
Alignment of miR-144a-3p(upper line) and mitf_3' UTR(lower line)
Identity=65.00%(13/20)  Gap=99.37%(3163/3183)

1     ......................TACAGTATAGATGATGTACT..................
                             |  ||||||||  | || |
961   TAAATTATGTTTTAGCCATTTTAATTGTATAGATTCTTTATTATCATCATTTTTTTCAGT

21    ............................................................

1021  GTTTGTATTAATTTGTAAGAATATGCATCTTAAAACAGTGAGTTTTCAATACTTTTACAA
```

图6-3　*miR-101a-3p*和*miR-144a-3p*与*MITF*的3' UTR靶向结合位点图

研究表明，*miR-101-3p*和*miR-144-3p*在细胞凋亡、免疫及肿瘤抑制中发挥着重要作用（Hassan et al.，2012；Zhang et al.，2017），但相关*miR-101-3p*和*miR-144-3p*在毛色形成机制的研究还很少。实验室前期研究发现*miR-340*，*miR-25*等在毛色形成机制中的作用（Zhao et al.，2017；Zhu et al.，2010）。研究报道，*miR-101a-3p*在黑色素瘤中通过调控*MITF*抑制黑色素瘤的增殖和扩增

（Luo et al.，2010）。通过TargetScan、miRBase、DNAMAN软件预测和分析显示，发现*miR-101a-3p*和*miR-144a-3p*靶作用于*MITF* 3' UTR的同一位点，且*miR-144a-3p*与*MITF* 3' UTR的碱基互补率是65%，*miR-101a-3p*与*MITF* 3' UTR的碱基互补率是61.9%。研究表明，miRNA对靶基因的调控表现在转录后水平上，靶基因mRNA的切割或对其翻译抑制两种机制主要取决于它与靶基因mRNA序列互补的程度（Kay et al.，2011）。因此，我们初步推测*miR-144a-3p*对*MITF*的调控作用强于*miR-101a-3p*，但还需要进一步的试验证明。

第二节 *miR-101a-3p*和*miR-144a-3p*对*MITF*及其下游基因表达的影响及其作用机制研究

一、主要材料与方法

（一）试验材料

1. 细胞材料

第6代羊驼黑素细胞（山西农业大学羊驼生物工程实验室提供）。

2. 试验试剂

RiboFECT™CP转染试剂（锐博，中国），micrON™miRNA系列物（锐博，中国），Trizol Reagent（Invitrogen，美国），去基因组DNA反转录试剂盒（Takara，中国），黑素细胞培养基（Science，美国），胎牛血清（四季青，中国），EDTA-胰酶（索来宝，中国），双抗（索来宝，中国），DMSO（索来宝，中国），miRcute miRNA cDNA第一链合成试剂盒（天根，中国），miRcute miRNA荧光定量检测试剂盒（天根，中国），荧光定量试剂盒（天根，中国），2xTaq PCR Master Mix（康为世纪，中国），D2000 DNA Maker（康为世纪，中国）。

（二）试验方法

1. 细胞培养及转染

（1）将冻存的黑素细胞，在37℃水浴锅中复苏（方法同本书第84页）。

（2）转染方法（同本书第101页）。48 h后收集细胞，做后续试验。

（3）总RNA的提取及反转录

总RNA的提取，总miRNA的反转录，总RNA的反转录同本书第102～105页。

2. 荧光定量PCR检测

（1）引物设计。利用Premier 3.0在线设计软件，根据Genebank上的小鼠*MITF*、*TYR*、*TYRP1*、*TYRP2*和*18S*序列设计引物，并且通过NCBI初步检测引物的特异性（序列同本书第105～106页）。根据miRNA成熟体序列及试剂盒要求设计miRNA引物，并且通过NCBI初步检测引物的特异性（表6–1）。

表 6–1　目的基因引物序列

基因	引物 Primers（5'–3'）
mmu–miR–101a–3p	TACAGTACTGTGATAACTGAA
mmu–miR–144a–3p	TACAGTATAGATGATGTACT
U6	ATGGACTATCATATGCTTACCGTA

（2）荧光定量PCR体系的建立。试验组分为空白对照组，转染

miR-101a-3p mimic组、转染*miR-144a-3p* mimic、转染*miR-101a-3p* & *miR-144a-3p* mimic（1：1）组；转染*miR-101a-3p* inhibitor组、转染*miR-144a-3p* inhibitor、转染*miR-101a-3p* & *miR-144a-3p* inhibitor（1：1）组。*miR-101a-3p*和*miR-144a-3p*的延伸温度为60℃（表6-2为反应体系，反应条件同本书第106页），*MITF*的延伸温度为55℃，*TYR*、*TYRP1*和*TYRP2*的延伸温度为60℃（反应体系和反应条件同本书第107页）。

表 6-2　*miR-101a-3p* 和 *miR-144a-3p* 荧光定量 PCR 反应体系

反应物	体积（μL）
ddH_2O	3.6
Forward Primer	0.2
Reverse Primer	0.2
miRNA 第一条链cDNA	1.0
miRcute miRNA Pre mix（with SYBR & ROX）	5.0
Total	10.0

（3）数据处理。全部数据采用SPSS 16.0统计软件进行统计分析，qRT-PCR结果均用均值±标准差（Mean±SD）表示。各目的基因的相对表达量采用ΔΔCT法计算：目的基因的相对表达水平=$2^{-\Delta\Delta CT}$。

二、结果

*miR-144a-3p*和*miR-101a-3p*表达量的检测如图6-4A所示，转染*miR-101a-3p* mimic的*miR-101a-3p*表达含量显著大于转染*miR-101a-3p* & *miR-144a-3p*（1：1）mimic组（P<0.05），显著大于转染*miR-101a-3p* inhibitor组的*miR-101a-3p*表达含量（P<0.001），大

于空白组正常培养的细胞（*P*<0.001）。转染*miR-101a-3p* & *miR-144a-3p*（1∶1）mimic组的*miR-101a-3p*表达含量显著大于转染*miR-101a-3p* & *miR-144a-3p*（1∶1）inhibitor组的*miR-101a-3p*表达含量（*P*<0.001），大于空白组正常培养的细胞（*P*<0.001）。

如图6-4B所示，转染*miR-144a-3p* mimic的*miR-144a-3*p表达含量大于转染*miR-101a-3p* & *miR-144a-3p*（1∶1）mimic 组的*miR-144a-3p*表达含量（*P*<0.05）。显著大于转染*miR-144a-3p* inhibitor组的*miR-144a-3p*表达含量（*P*<0.001），大于空白组正常培养的细胞（*P*<0.001）。转染*miR-101a-3p* & *miR-144a-3p*（1∶1）mimic组的*miR-144a-3p*表达含量显著大于转染*miR-101a-3p* & *miR-144a-3p*（1∶1）inhibitor组的*miR-144a-3p*表达含量（*P*<0.001），大于空白组正常培养的细胞（*P*<0.001）。

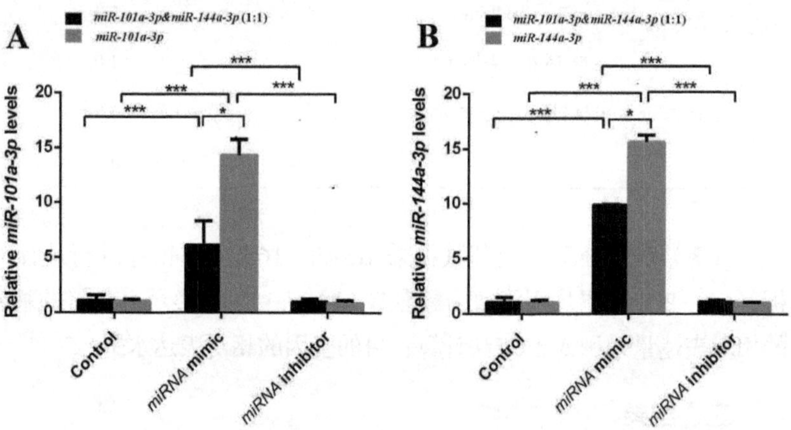

A. 代表 *miR-101a-3p* 的相对表达量；B. 代表 *miR-144a-3p* 的相对表达量；Control 组代表正常培养的黑素细胞；黑柱子代表转染 *miR-101a-3p* & *miR-144a-3p*（1∶1）；A 图中浅灰的柱子代表转染 *miR-144a-3p*；B 图中浅灰的柱子代表转染 *miR-101a-3p*（* 代表 *P*<0.05，** 代表 *P*<0.01，*** 代表 *P*<0.001）

图6-4　*miR-101a-3p*和*miR-144a-3p*的表达

如图6-5A所示，转染*miR-101a-3p* & *miR-144a-3p*（1∶1）mimic、*miR-144a-3p* mimic和转染*miR-101a-3p* mimic组，以及转染*miR-101a-3p* & *miR-144a-3p*（1∶1）inhibitor、*miR-144a-3p* inhibitor和转染*miR-101a-3p* inhibitor组的*MITF* mRNA水平的变化均不显著。

TYR，*TYRP1*和*TYRP2* mRNA的表达在转染了*miR-144a-3p mimic*组后与对照组相比显著降低（$P<0.01$，图6-5B，图6-5C，图6-5D），*miR-144a-3p mimic*组的抑制作用要比*miR-101a-3p* & *miR-144a-3p*（1∶1）mimic组和*miR-101a-3p mimic*强（$P<0.05$，图6-5B，图6-5C，图6-5D）。

在miRNA抑制组，转染了*miR-144a-3p* mimic，*miR-101a-3p*，and *miR-101a-3p* &*miR-144a-3p*（1∶1），*TYR*，*TYRP1*和*TYRP2*的mRNA的表达比miRNA mimic组显著升高（$P<0.001$，$P<0.001$和$P<0.001$；图6-5B，图6-5C，图6-5D）。

三、讨论

在大多数情况下动物的成熟miRNA与靶基因mRNA 3' UTR是不完全互补配对，并且miRNA一般在转录后水平抑制靶基因的表达。研究表明，黑素细胞的发育和黑色素合成是由很多基因调控的（Gurtan et al.，2013；Singh et al.，2013）。*MITF*是黑素细胞中重要的调节基因之一。大量文献已经证明，*MITF*过表达可以提高*TYR*、*TYRP1*和*TYRP2*的表达。控制*MITF*的表达和功能对研究色素沉着极为重要（Najem et al. 2017；Ishii et al.，2017）。*miR-508-3p*通过直接靶向*MITF*调节羊驼黑素细胞黑素生成的功能作用（Zhang et al. 2017）。*miR-143-5p*通过直接靶向*TAK1*来调节羊驼黑素细胞迁移，增殖和黑素生成中的功能性作用（Ji et al.，2017）。

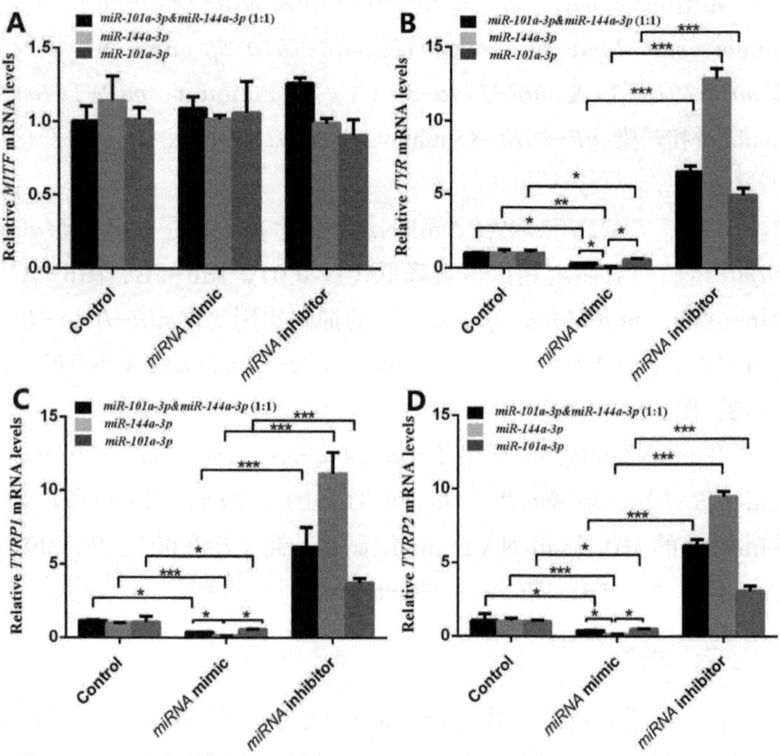

A 代表 *MITF* 表达量；B 代表 TYR 表达量；C 代表 *TYRP1* 表达量；D 代表 *TYRP2* 表达量；Control 组代表正常培养的黑素细胞；黑色柱子代表转染 *miR-101a-3p* & *miR-144a-3p*（1 ∶ 1）；浅灰色柱子代表 *miR-144a-3p*；深灰色的柱子代表转染 *miR-101a-3p*（* 代表 $P<0.05$，** 代表 $P<0.01$，*** 代表 $P<0.001$）

图6-5　*MITF*、*TYR*、*TYRP1*和*TYRP2*的mRNA表达

利用靶基因预测软件初步鉴定*MITF*基因是*miR-101a-3p*和*miR-144a-3p*的共同目标靶基因，并且*MITF*、*miR-101a-3p*和*miR-144a-3p*，以及*MITF*下游基因*TYR*、*TYRP1*、*TYRP2*在黑细胞中都有表达，研究表明*miR-144a-3p*和*miR-101a-3p*的功能在多个癌症中已经

被验证（Dong et al.，2017；Hu et al.，2017），*miR-144a-3p*和*miR-101a-3p*对人脑胶质瘤细胞和肝癌细胞的增殖、凋亡等过程均有影响（Chen et al.，2017；Wang et al.，2017）。*miR-101a-3p*抑制*Ezh2*的表达，进而抑制肿瘤细胞的转移（Sakurai et al.，2012）。在卵巢上皮癌中，*miR-101a-3p*通过直接作用于*Ezh2*，抑制卵巢癌细胞的增殖（Batchu et al.，2010）。*miR-144a-3p*下调同样可以抑制炎症，脑水肿和改善ICH小鼠的神经功能。以上研究表明*miR-101a-3p*和*miR-144a-3p*对癌细胞的增殖、转移的调控是通过对其靶基因的调节来实现的（Ren et al.，2017）。

本试验研究结果表明，过表达*miR-101a-3p*和*miR-144a-3p*后，*MITF*基因在基因水平的表达量基本不变，*TYR*、*TYRP1*和*TYRP2*的mRNA表达量显著降低，抑制*miR-101a-3p*和*miR-144a-3p*后，*MITF*基因在mRNA水平的表达量基本不变，*TYR*、*TYRP1*和*TYRP2* mRNA表达量显著升高，并且*miR-144a-3p*对*MITF*下游基因mRNA表达量的调控作用强于*miR-101a-3p*对*MITF*下游基因mRNA表达量的调控，*miR-101a-3p*和*miR-144a-3p*（1∶1）共同转染组对目的基因mRNA表达量的调控作用介于两者之间，在动物体内，miRNA对靶基因的调控主要通过抑制靶基因的翻译表达，因此靶基因的mRNA水平是基本不变的（Zhang et al.，2018；Li et al.，2018）。*miR-137*对*MITF*的调控研究中，*MITF*在基因水平也是基本不变（Bemis et al.，2008）。因此表明*miR-101a-3p*和*miR-144a-3p*通过调控*MITF*的转录后翻译，继而调控*MITF*下游基因的表达，从而影响黑素细胞色素生成。

第三节　*miR-101a-3p*和*miR-144a-3p*对MITF及其下游蛋白表达的影响及其作用机制研究

一、主要材料与方法

（一）试验材料

1. 细胞材料

羊驼6代黑素细胞（山西农业大学羊驼生物工程实验室提供），细胞培养及转染方法同本书第84页和第101页。

2. 主要试验试剂

Ribo FECT^{TM} CP转染试剂，microTN^{TM}miRNA系列物（锐博，中国），Trizol Reagent（Invitrogen，美国），去基因组DNA反转录试剂盒（Takara，中国），黑素细胞培养基（Science，美国），胎牛血清（四季青，中国），EDTA–胰酶（索来宝，中国），DMSO（索来宝，中国），SDS–PAGE试剂盒（博士德，中国），蛋白彩虹Marker（Thermo，美国），MITF一抗（Thermo，美国），TYR一抗（Abcam，英国），TYRP1一抗（Abcam，英国），TYRP2一抗（Abcam，英国），β–action一抗（Thermo，美国），HRP–二抗（康为世纪，中国）。

（二）试验方法

1. Western blotting检测

用细胞刮刮下细胞，将细胞悬液2 000 r/min离心10 min，取细胞沉淀；加入添加了PMSF的RIPA裂解液（最终浓度为1 μmol/L），冰浴，剧烈涡旋混匀；将含有混匀的溶液的离心管放入4℃离心机中，12 000 r/min离心5 min；取上清液即为细胞总蛋白，检测蛋白浓度。

进行SDS-丙烯酰胺凝胶电泳。按上样蛋白量200 ng吸取蛋白溶液，向溶液中添加蛋白质上样缓冲液（6×），使上样缓冲液的终浓度为（1×），煮沸3～5 min，使样品充分变性。电泳后转膜，封闭，孵育抗体（MITF为1：2 000，β-actin为1：1 000），4℃过夜孵育。TBST常温摇床上漂洗NC膜，孵育抗体，用TBST漂洗NC膜。曝光显色。根据膜上的maker推断目的蛋白的位置，并确定所提蛋白中是否含有目的蛋白。

2. 图像分析

应用Image-Pro Plus 6.0软件对Western blotting结果进行分析，蛋白含量=条带面积×平均灰度。用SPSS 16.0软件进行统计学分析。

二、结果

MITF、TYR、TYRP1和TYRP2蛋白的表达在转染了*miR-144a-3p mimic*组后与对照组相比显著降低（P<0.001，图6-6B，图6-7），*miR-144a-3p mimic*组的抑制作用要比*miR-101a-3p & miR-144a-3p*（1：1）mimic组和*miR-101a-3p mimic*强（P<0.05，图6-6，图6-7）。

在miRNA抑制组，转染了*miR-144a-3p* mimic，*miR-101a-3p*和*miR-101a-3p &miR-144a-3p*（1：1），TYR、TYRP1和TYRP2的蛋白的表达比miRNA mimic组显著升高（P<0.001，图6-7B，图6-7C，图6-7D）。

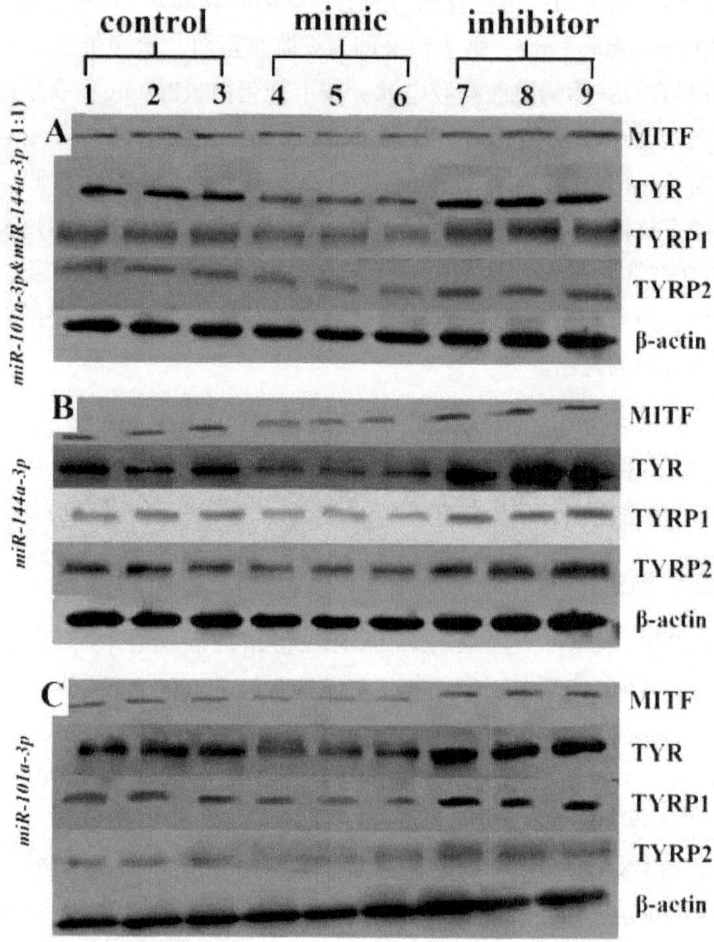

A、B、C 是 *miR-101a-3p* & *miR-144a-3p*（1 ：1）、*miR-144a-3p*、*miR-101a-3p* 的空白组，转染 mimic 组，转染 inhibitor 组的 MITF、TYR、TYRP1 和 TYRP2 蛋白的免疫印迹条带，泳道 1 ~ 3 对照（空细胞），4 ~ 6 细胞转染了 miRNA mimic，7 ~ 9 细胞转染了 miRNA 抑制剂，所有样本 3 个重复

图6–6 Western blotting电泳结果图

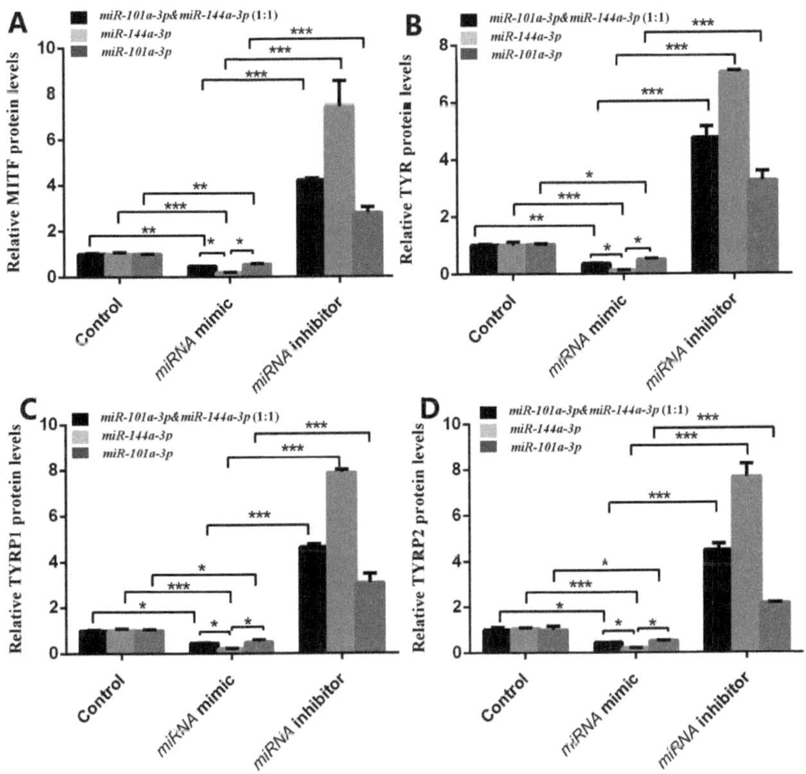

A代表MITF蛋白表达量；B代表TYR蛋白表达量；C代表TYRP1蛋白表达量；D代表TYRP2蛋白表达量；Control组代表正常培养的黑素细胞；黑色柱子代表转染*miR-101a-3p* & *miR-144a-3p*（1 ∶ 1）；浅灰色柱子代表*miR-144a-3p*；深灰色的柱子代表转染*miR-101a-3p*（* 代表 P<0.05，** 代表 P<0.01，*** 代表 P<0.001）

图6-7　MITF、TYR、TYRP1和TYRP2的蛋白表达

三、讨论

研究表明，miRNA对靶基因的调控作用主要表现在转录后水平上，通过对靶基因mRNA的剪切和对其翻译的抑制两种机制来下调靶基因表达（Slanchev et al.，2009）。这两种机制的选择主要取决于它与靶基因mRNA序列互补的程度，如果miRNA与靶基因mRNA完全互补，miRNA将通过切割方式来调控靶基因。如果miRNA与靶基因mRNA不完全互补，miRNA将通过翻译抑制的方式来调控靶基因（Zhang et al.，2014）。在动物体内，大部分miRNA不能与靶基因的mRNA完全互补，故被认为主要通过抑制翻译的方式来调控靶基因（Slanchev et al.，2009）。细胞内蛋白都是动态平衡的，根据自身的含有的序列特性有不同的半衰期，所以蛋白是在不停的被合成和降解中，而不是合成后就一直在那里，所以只要miRNA阻止了蛋白的合成，那么已经存在的蛋白很快就会被降解完（Fernandez et al. 2017；Wang et al.，2017）。

转录因子MITF是调控黑素细胞生成的相关因子，利用靶基因预测软件初步鉴定*MITF*基因是*miR-101a-3p*和*miR-144a-3p*的共同目标靶基因，并且*MITF*、*miR-101a-3p*和*miR-144a-3p*，以及*MITF*下游基因*TYR*、*TYRP1*、*TYRP2*在黑细胞中都有表达，过表达*miR-101a-3p*和*miR-144a-3p*后，*MITF*基因在mRNA水平的表达量基本不变，*TYR*、*TYRP1*和*TYRP2*显著降低，抑制*miR-101a-3p*和*miR-144a-3p*后，*MITF*基因在mRNA水平的表达量基本不变，*TYR*、*TYRP1*和*TYRP2*显著升高，并且*miR-144a-3p*对目的基因mRNA表达量的调控作用强于*miR-101a-3p*对目的基因mRNA表达量的调控，*miR-101a-3p*和*miR-144a-3p*（1∶1）共同转染组对目的基因mRNA表达量的调控作用介于两者之间。

Western blotting结果显示，过表达*miR-101a-3p*和*miR-144a-3p*后，MITF、TYR、TYRP1和TYRP2蛋白表达显著降低，抑制*miR-101a-3p*和*miR-144a-3p*后，MITF、TYR、TYRP1和TYRP2蛋白表达显著升高。*miR-144a-3p*对MITF蛋白表达量的调控作用强于*miR-101a-3p*对MITF蛋白表达量的调控，生物信息学分析*miR-144a-3p*与*MITF*的结合率大于*miR-101a-3p*与*MITF*的碱基结合率，并且*miR-144a-3p*的Context++score百分比大于*miR-101a-3p*的Context++score百分比（Lombard et al. 2016），因此说明miRNA与靶基因的碱基互补程度越大，miRNA对靶基因的调控作越强。由于*miR-144a-3p*对MITF蛋白表达的调控强于*miR-101a-3p*对MITF蛋白的调控，并结合生物信息学预测，如果*miR-101a-3p*和*miR-144a-3p*（1∶1）mimic共同转染组的MITF表达量小于*miR-101a-3p*转染组，那么表明*miR-101a-3p*和*miR-144a-3p*对MITF的调控存在抑制作用；如果*miR-101-3p*和*miR-144-3p*（1∶1）mimic共同转染组的MITF表达量大于*miR-144-3p*转染组，表明*miR-101-3p*和*miR-144-3p*对MITF的调控存在协同作用；如果*miR-101-3p*和*miR-144-3p*（1∶1）mimic共同转染组的MITF表达量介于*miR-101-3p*和*miR-144-3p*转染组，表明*miR-101-3p*和*miR-144-3p*对MITF的调控不存在互作关系。Western blotting结果显示*miR-101-3p*和*miR-144-3p*（1∶1）mimic共同转染组MITF蛋白表达量介于*miR-101-3p*和*miR-144-3p*转染组之间，因此表明*miR-101-3p*和*miR-144-3p*对*MITF*及其下游基因的表达调控在蛋白水平上没有抑制作用，也没有协同作用，彼此独立调控MITF的表达。这一结果为后续的miRNA对靶基因的调控研究提供一定的基础。

第四节 免疫细胞化学技术分析*miR-101a-3p*和*miR-144a-3p*对MITF及其下游蛋白的影响

一、主要材料与方法

（一）试验材料

1. 细胞材料

羊驼第6代黑素细胞（山西农业大学羊驼生物工程实验室提供）。

2. 主要试验试剂

DAB显色剂（迈新，中国），苏木精（索来宝，中国），4%多聚甲醛（索来宝，中国），无水乙醇，浓盐酸，二甲苯，抗体，黑素细胞的培养所需试剂同本书第84页。

（二）试验方法

1. 细胞培养及爬片

（1）将玻璃片提前放在洗液（重铬酸钾：浓盐酸：蒸馏水=1：1：10）中浸泡48 h，无水乙醇冲洗，蒸馏水冲洗，60℃烘箱烘干。

（2）将玻璃载片放在24孔培养板中，将冻存的黑素细胞，在37℃水浴锅中复苏，加入等量的DMEM+10%胎牛血清，1 000 g/min离心10 min，弃上清，用黑素细胞培养基重悬细胞沉淀，分装于24孔板中，在5% CO_2，37℃，饱和湿度培养箱中进行培养。

2. 细胞转染

同本书第101页。

3. 免疫细胞化学技术

（1）固定。将24孔板中的细胞培养基吸出，并用PBS清洗，4%多聚甲醛在4℃环境中固定30 min。

（2）孵育。将固定液吸出，PBS冲洗3次，3%的双氧水室温孵育15 ~ 20 min。

（3）封闭。将双氧水吸出，PBS冲洗3次，加入封闭液（Triten-100+牛血清蛋白+PBS），37℃封闭35 min。

（4）一抗杂交。吸出封闭液，滴加一抗工作液（1∶100），4℃反应过夜后继续在37℃反应1 h。

（5）二抗杂交。回收一抗工作液，PBS冲洗3次，加入二抗工作液（1∶200），37℃反应30 min。

（6）DAB显色。吸去二抗工作液，PBS冲洗3次，DAB避光染色6 ~ 10 min。

（7）苏木精染色。苏木精染色30 ~ 60 s，具体按染色情况定。

（8）透明。70%乙醇2 min—80%乙醇2 min—90%乙醇4 min—95%乙醇4 min—无水乙醇Ⅰ4 min—无水乙醇Ⅱ4 min—二甲苯Ⅰ10 min—二甲苯Ⅱ10 min。

（9）封片。

4. 数据处理

用Image pro plus分析免疫组化的光密度，用统计学方法分析各实验组的平均光密度之间是否有显著性差异。

二、结果

图中显示MITF、TYR，TYRP1和TYRP2蛋白表达于黑素细胞的胞质内，经分析MITF、TYR、TYRP1和TYRP2的表达在转染了*miR-144a-3p mimic*组后与对照组相比显著降低（P<0.001，图6-8），

*miR-144a-3p mimic*组的抑制作用要比*miR-101a-3p & miR-144a-3p*（1：1）mimic组和*miR-101a-3p mimic*强（*P*<0.05，图6-8）。

在miRNA抑制组，转染了*miR-144a-3p* mimic、*miR-101a-3p*和*miR-101a-3p &miR-144a-3p*（1：1），TYR、TYRP1和TYRP2的蛋白的表达比miRNA mimic组显著升高（*P*<0.001，图6-8）。免疫组织化学技术分析的结果与Western blotting分析结果一致。

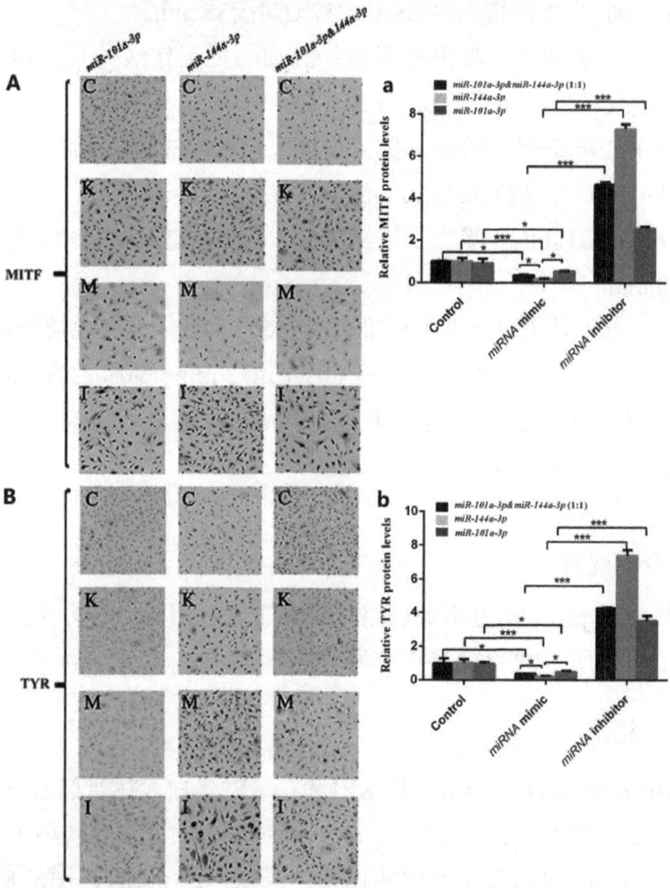

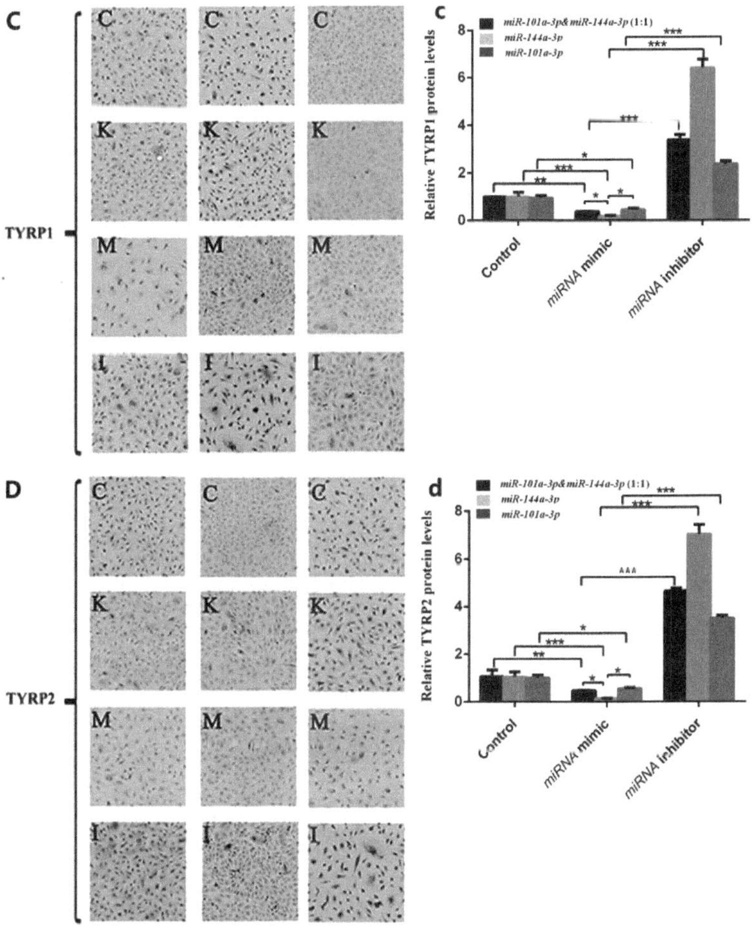

C 代表黑素细胞组未加一抗；K 代表黑素细胞组加一抗；M 代表 mimic 转染组；I 代表转染抑制组；A-D 代表 MITF、TYR、TYRP1 和 TYRP2 的蛋白表达；黑色柱子代表转染 *miR-101a-3p* & *miR-144a-3p*（1 ∶ 1）；浅灰色柱子代表 *miR-144a-3p*；深灰色的柱子代表转染 *miR-101a-3p*（* 代表 $P<0.05$，** 代表 $P<0.01$，*** 代表 $P<0.001$）

图6-8　MITF、TYR、TYRP1和TYRP2蛋白在黑素细胞的免疫组织化学结果

三、讨论

MITF作为一个信号分子，介导了黑素细胞内多种信号级联途径，在黑素细胞发育、分化和功能调节中起到关键作用（Carreira et al.，2006；Goding et al.，2000）。MITF通过调节酪氨酸家族基因的表达，调控黑素细胞色素的生成（Vachtenheim et al.，2010）。MITF不仅能够通过调控下游基因在黑素细胞中的特异性表达，同时还能参与调控外界刺激对黑素细胞生成的影响（Yokoyama et al.，2011；Tassabehji et al.，1994）。

大量研究表明，miRNAs可以通过转录后调控靶基因的表达，这揭示了一种调控色素沉着和表型变化的新机制（Donato et al.，2018；Wang et al.，2017）。在皮肤病患者的皮肤中发现过表达的*miR-203*过表达，这是在皮肤中首次证明的miRNA（Gasque et al.，2015；Volinia et al.，2007）。最近研究报道，在山羊和绵阳毛囊中有105个差异miRNAs（Li et al.，2016；Wenguang et al.，2007）。大量研究已经证明miRNAs可以通过调控*MITF*而影响黑色素的生成（Chao et al.，2013；Lee et al.，2011）。免疫细胞化学技术结果显示，MITF、TYR、TYRP1和TYRP2蛋白特异表达于黑素细胞的细胞质中，MITF、TYR、TYRP1和TYRP2蛋白的表达趋势与Western blotting结果一致。这一结果进一步确认了*miR-101a-3p*和*miR-144a-3p*负调控MITF蛋白的表达和TYR、TYRP1和TYRP2蛋白表达，*miR-144a-3p*和*miR-101a-3p*彼此独立调控*MITF*的表达进而影响下游基因TYR、TYRP1和TYRP2表达，从而实现对黑素细胞色素生成的调控。

第五节　*miR-101a-3p*和*miR-144a-3p*对黑色素合成的影响

一、主要材料与方法

（一）试验材料

1. 细胞材料

羊驼黑素细胞（山西农业大学羊驼生物工程实验室提供）。

2. 试验试剂

RiboFECTTM CP转染试剂（锐博，中国），micrONTM miRNA系列物（锐博，中国）。

（二）试验方法

1. 细胞培养及细胞转染

（1）用RNase-free H_2O稀释配制1×ribo*FECT*™CP Buffer，稀释成熟miRNA系列物，其中miRNA mimic初始浓度为50 nM，miRNA inhibitor浓度为100 nM。

（2）稀释mimic：用120 μL 1×ribo*FECT*™CP Buffer稀释5 μM miRNA mimic，轻轻混匀。

（3）混合液配制：加入12 μL ribo*FECT*™CP Reagent，轻轻吹打混匀，室温孵育15 min。

（4）将ribo*FECT*™CP混合液加入到细胞培养基中，轻轻混匀。

（5）将培养板置于37℃的CO_2培养箱中培养48 h。

（6）48 h后收集细胞，用Trizol法提取细胞RNA，做后续实验。

2. 黑色素含量测定

根据Lee的方法，收集黑素细胞，用PBS冲洗3次并细胞计数。用0.2 mol/L NaOH（10^6个细胞/mL）溶解细胞，分装与96孔板，使用酶标仪在475 nm波长进行测值。最终获得的黑色素含量用μg/10^6个细胞表示，每组重复3次。

3. 数据处理

使用SPSS 16.0进行数据的统计学分析。

二、结果

如图在miRNA mimic组中转染*miR-144a-3p* mimic的黑色素含量显著低于转染*miR-101a-3p* & *miR-144a-3p*（1：1）mimic组和*miR-101a-3p* mimic组（$P<0.05$，图6-9）。在miRNA mimic转染组黑色素含量显著低于对照组（$P<0.01$），在miRNA inhibtor组中，黑色素含量高于转染组（$P<0.001$）。

三、讨论

黑素细胞存在于哺乳动物的毛发、皮肤和眼睛。在这些组织中，黑素细胞的分布、增殖、存活以及不同数量和类型的黑色素的生成受多种因素的调节（Slominski et al.，2004；Smith et al.，2008）。目前已经发现有近400个基因直接或间接地参与黑色素生成的调节，其中50%的基因已被完全克隆化（Smith et al.，2008）。在克隆化的基因中，有10个基因编码的蛋白质特异或非特异地存在于黑色素小体内（Hervieu et al.，2000；Takano et al.，1995）。这些基因的突变常引起色素沉着表型以及所编码蛋白质的结构和功能的多效性改变（Fukamachi et al.，2001）。酪氨酸酶是黑素生成所必需的，其他一些黑素小体蛋白，如TYR、TYRP1和TYRP2，也在调节色素生物合成中发挥重要作用（Yang et al.，2006；Shah et al.，2014）。这些蛋白质的表达和功能不仅影响临床表现，也影响黑色素的物理特性，特别是黑色素的光防护特性（Eloheid et al.，2017；Lowell et al.，1998）。总之，黑素生成不仅受这些酶表达的调节，还受这些酶加工和黑色素小体微环境的调节（Zhao et al.，2017；Proctor et al.，1986）。

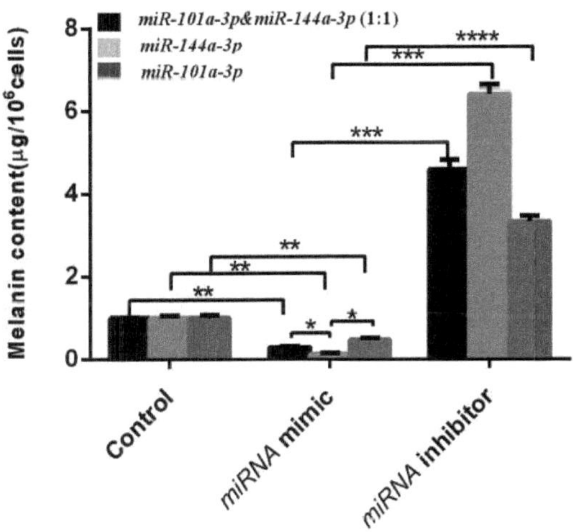

Control 组代表正常培养的黑素细胞；黑色柱子代表转染 *miR-101a-3p* & *miR-144a-3p*（1∶1）；浅灰色柱子代表 *miR-144a-3p*；深灰色的柱子代表转染 *miR-101a-3p*（* 代表 $P<0.05$，** 代表 $P<0.01$，*** 代表 $P<0.001$）

图6-9 黑素细胞的色素相对生成量

过表达*miR-101a-3p*和*miR-144a-3p*后，黑素细胞中的黑色素生成显著降低，抑制*miR-101a-3p*和*miR-144a-3p*表达后，黑色素生成显著升高，并且*miR-144a-3p*对黑色素生成的调控作用强于*miR-101a-3p*对黑色素生成的调控，*miR-101a-3p*和*miR-144a-3p*（1∶1）共同转染组对黑色素生成的调控作用介于两者之间，与MITF、TYR、TYRP1和TYRP2的蛋白表达量的变化一致，说明*MITF*及其下游基因对黑色素的色素形成有着重要的调控作用，试验结果表明*miR-101a-3p*和*miR-144a-3p*负调控黑素细胞色素生成，彼此之间对*MITF*的调控是独立的，不存在抑制或者协同的关系，且*miR-144a-3p*对*MITF*的调控作用强于*miR-101a-3p*对*MITF*的调控作用。

参考文献

邓友辉. 2015. LncRNALSAT1在恶性黑色素瘤转移过程中作用的研究[D]. 北京：中国科学院北京基因组研究所.

郭杨. 2015. 羊绒周期性生长特异性lncRNAs的筛选[D]. 杨陵：西北农林科技大学.

李培飞，陈声灿，邵永富，等. 2014. 环状RNA的生物学功能及其在疾病发生中的作用[J]. 生物物理学报，30（1）：15–23.

刘善博. 2016. 细毛羊次级毛囊形态发生诱导期差异表达lncRNA靶基因的鉴定与功能分析[D]. 兰州：甘肃农业大学.

马淑慧. 2014. MiR–488对色素生成基因POMC的调控作用研究[D]. 太谷：山西农业大学.

彭克美，王政富，王树迎，等. 2009. 动物组织学及胚胎学[M]. 北京：高等教育出版社，208–209.

祁海燕，苏学刚. 2017. LncRNA *MT1JP*对葡萄膜黑色素瘤细胞迁移和侵袭的影响[J]. 眼科新进展，37（06）：531–534.

孙武. 2015. 山羊胎儿皮肤黑色素生成有关miRNA的筛选与鉴定[D]. 重庆：西南大学.

唐莉华. 2014. LncRNA HOTAIR、MDA9蛋白及GRP78蛋白在恶性黑色素瘤侵袭和转移中的研究[D]. 合肥：安徽医科大学.

田雪. 2013. 不同毛色羊驼皮肤microRNAs的全基因组表达谱分析和功能研究[D]. 太谷：山西农业大学.

王博，王春生，安铁洙. 2007. 小鼠皮肤及其毛囊早期发育的组织学观察[J]. 中国实验动物学报，15（6）：413–415.

王宏浩，韩文静，张燕军，等. 2018. CircRNA研究现状及展望[J]. 南方农业学报，49（3）：431–439.

巫小倩，刘辰东，堵晶晶，等. 2016. MicroRNA调控动物毛色和肤色的研究进展[J]. 畜牧兽医学报，47（6）：1 086–1 092.

武良琦，范瑞文，曾庆宝，等. 2017. MiRNA−338−3p通过靶向抑制MC1R基因表达抑制羊驼黑色素细胞黑色素的生成[J]. 中国生物化学与分子生物学报，33（6）：624−629.

谢田华，樊莹，王丰. 2009. MicroRNA与眼部疾病的相关性[J]. 眼科新进展，5：391−394.

徐学虎，全天一，曾伟霞，等. 2010. miR−148a克隆及逆转录病毒载体构建[J]. 南方医科大学学报，30（7）：1 545−1 557.

颜晗，谭丹，谢攀，等. 2017. 多种lncRNA可影响黑色素瘤的发生和发展[J]. 中南大学学报（医学版），42（2）：134−138.

Andl T，Murchison EP，Liu F，et al. 2006. The miRNA-processing enzyme Dicer is essential for the morphogenesis and maintenance of hair follicles[J]. Current Biology，16（10）：1 041−1 049.

Andreeva K，Cooper NGF. 2015. Circular RNAs：New players in gene regulation[J]. Advances in Bioscience & Biotechnology，6：433−441.

Batchu RB，Semaan A，Seward SM，et al. 2010. Relationship of miR−101 and targeted epigenetic silencing of EzH2 on cell growth and invasiveness in ovarian cancer cells[J]. Journal of Clinical Oncology，28（15）：213−221.

Bemis LT，Chen R，Amato CM，etal. 2008. MicroRNA−137 targets microphthalmia-associated transcription factor in melanoma cell lines[J]. Cancer Research，68（5）：1 362−1 368.

Botchkarev VA，Botchkareva NV，Nakamura M，et al. 2001. Noggin is required for induction of the hair follicle growth phase in postnatal skin[J]. Faseb Journal，15：2 205−2 214.

Brandal S，Noel P，et al. 2011. KIT signaling regulates MITF expression through miRNAs in normal and malignant mast cell proliferation[J]. Blood，117（13）：3 629−3 641.

Cai B，Zheng Y，Ma S，et al. 2018. Long non-coding RNA regulates hair follicle stem cell proliferation and differentiation through PI3K/AKT signal pathway[J]. Molecular Medicine Reports，17：5 477−5 483.

Carreira S，Goodall J，Denat L，et al. 2006. Mitf regulation of Dia1 controls melanoma proliferation and invasiveness[J]. Genes & Development，20（24）：3 426−3 439.

Carthew RW，Sontheimer EJ，Carthew RW，et al. 2009. Origins and mechanisms of miRNA and siRNA[J]. Cell，136（4）：642–655.

Chen KN，Xie SJ，Jin WJ. 2019. Crucial lncRNAs associated with adipocyte differentiation from human adipose-derived stem cells based on co-expression and ceRNA network analyses[J]. PeerJ，7：e7544.

Chen L，Zhang S，Wu J，et al. 2017. CircRNA_100290 plays a role in oral cancer by functioning as a sponge of the miR–29 family[J]. Oncogene，38：5750.

Chen LG，Xia YJ，Cui Y. 2017. Upregulation of miR–101 enhances the cytotoxic effect of anticancer drugs through inhibition of colon cancer cell proliferation[J]. Oncology Reports，38（1）：100–108.

Chen LL，YangL. 2015. Regulation of circRNA biogenesis[J]. RNA Biology，12：381–388.

Chen X，Ouyang Z，Shen Y，et al. 2019. CircRNA_28313/miR–195a/CSF1 axis modulates osteoclast differentiation to affect OVX-induced bone absorption in mice[J]. RNA Biology，16：1 249–1 262.

Chen X，Wu QF，Yan GY. 2017. RKNNMDA：Ranking-based KNN for miRNA-disease association prediction[J]. RNA Biology，14（7）：952–961.

Cheng AM，Byrom MW，Shelton J，et al. 2005. Antisense inhibition of human miRNAs and indications for an involvement of miRNA in cell growth and apoptosis[J]. Nucleic Acids Research，33（4）：1 290–1 297.

Consortium，Birney E，Stamatoyannopoulos JA，et al. 2007. Identification and functional element in 1% of the human genome by the ENCODE pilot project[J]. Nature，447（7146）：799–816.

Dandan X，Yiwu D，Peng L，et al. 2018. A circRNA–miRNA–mRNA network identification for exploring underlying pathogenesis and therapy strategy of hepatocellular carcinoma[J]. Journal of Translational Medicine，16（1）：220.

Ding N，Wang S，Yang Q，et al. 2015. Deep sequencing analysis of microRNA expression in human melanocyte and melanoma cell lines[J]. Gene，572（1）：135–145.

Donato L，Bramanti P，Scimone C，et al. 2018. MiRNAexpression profile of retinal pigment epithelial cells under oxidative stress conditions[J]. Febs Open Biology，8（2）：219–233.

Dong C，Wang H，Xue L，et al. 2012. Coat color determination by miR–137 mediated down-regulation of microphthalmia-associated transcription factor in a mouse model[J]. RNA，18（9）：1 679–1 686.

Dong L，Li Y，Gang L，et al. 2017. LncRNA SPRY4–IT1 sponges miR–101–3pto promote proliferation and metastasis of bladder cancer cells through up-regulating EZH2[J]. Cancer Letters，388（32）：281–291.

Dupin E，Glavieux C，Vaigot P，et al. 2000. Endothelin 3 induces the reversion of melanocytes to glia through a neural crest-derived glial-melanocytic progenitor [J]. PNAS，97（14）：7 882–7 887.

Dupin E，Le Douarin NM. 2003. Development of melanocyte precursors from the vertebrate neural crest [J]. Oncogene，22：3 016–3 023.

Elobeid AS，Kamal A，Abdelhalim MAK，et al. 2017. Pharmacological properties of melanin and its function in health[J]. Basic & Clinical Pharmacology & Toxicology，120（6）：515–523.

Fan BL，Chen FN，Li Y，et al. 2019. A comprehensive profile of the tilapia（Oreochromis niloticus）circular RNA and circRNA-miRNA network in the pathogenesis of meningoencephalitis of teleosts. [J]. Molecular Omics，15：233–246.

Fernandez N，Cordiner RA，Young RS，et al. 2017. Genetic variation and RNA structure regulate microRNA biogenesis[J]. Nature Community，8（4）：151–164.

Fore J. 2006. A review of skin and the effects of aging on skin structure and function[J]. Ostomy Wound Management，52（9）：24–35.

Fukamachi S，Shimada A，Shima A. 2001. Mutations in the gene encoding B，a novel transporter protein，reduce melanin content in medaka[J]. Nature Genetics，28（4）：389–397.

Ganju A，Khan S，Hafeez BB，et al. miRNA nanotherapeutics for cancer[J]. 2017. Drug Discovery Today，22（2）：424–432.

Gasque Schoof CR，Izzotti A，Jasiulionis MG，et al. 2015. The roles of miR–26，miR–29，and miR–203 in the silencing of the epigenetic machinery during melanocyte transformation[J]. Biomed Research International，1–11.

Goding CR. 2007. Melanocytes：The new black [J]. The International Journal of Biochemistry&CellBiology，39（2）：275–279.

Goding CR. 2000. Mitf from neural crest to melanoma：signal transduction and transcription in the melanocyte lineage[J]. Genes & Development，14（14）：1 712–1 728.

Guo J，Zhang JF，Wang WM，et al. 2014. MicroRNA-218 inhibits melanogenesis by directly suppressing microphthalmia-associated transcription factor expression[J]. RNA Biology，11（6）：732-741.

Gurtan AM，Sharp PA. 2013. The role of miRNAs in regulating gene expression networks[J]. Journal of Molecular Biology，425（19）：3 582-3 593.

Haflidadóttir BS，Bergsteinsdóttir K，Praetorius C，et al. 2010. MiR-148 regulates Mitf in melanoma Cells[J]. Plos One，5（7）：e11574.

Hallsson JH，Haflidadóttir BS，Schepsky A，et al. 2010. Evolutionary sequence comparison of the Mitf gene reveals novel conserved domains[J]. Pigment Cell Research，20（3）：185-200.

Hanniford D，Moubarak R，Imig J，et al. 2017. PRC2-mediated silencing of circRNA CDR1as drives miR-7-independent melanoma metastasis[J]. Cancer Research，77：3 047.

Hansen TB，Jensen TI，Clausen BH，et al. 2013. Natural RNA circles function as efficient microRNA sponges[J]. Nature，495：384.

Hassan F，Nuovo GJ，Crawford M，et al. 2012. MiR-101 and miR-144 regulate the expression of the CFTR chloride channel in the lung[J]. Plos One，7（11）：e50837.

Hervieu GJ，Cluderay JE，Harrison D，et al. 2000. The distribution of the mRNA and protein product for the melanin-concentrating hormone（MCH）receptor gene，SCL-1，in the central nervous system of the rat[J]. European Journal of Neuroscience，12（4）：1 194–1 216.

Hirobe T. 2010. Role of keratinocyte-derived factors involved in regulating the proliferation and differentiation of mammalian epidermal melanocytes[J]. Pigment Cell Research，18（1）：2-12.

Horsburgh S，Fullard N，Roger M，et al. 2017. MicroRNAs in the skin：role in development，homoeostasis and regeneration[J]. Clinical Science，131（15）：1 923-1 940.

Hsiao K Y，Lin Y C，Gupta S K，et al. 2017. Noncoding effects of circular RNA CCDC66 promote colon cancer growth and metastasis[J]. Cancer Research，77：2 339.

Hsu M T，Coca-Prados M. 1979. Electron microscopic evidence for the circular form of RNA in the cytoplasm of eukaryotic cells[J]. Nature，280：339-340.

Hu J，Wu C，Zhao X，et al. 2017. The prognostic value of decreased miR−101 in various cancers：a meta-analysis of 12 studies[J]. Oncotargets & Therapy，10（3）：3 709−3 718.

Ishii N，Ryu M，Suzuki YA. 2017. Lactoferrin inhibits melanogenesis by down-regulating MITF in melanoma cells and normal melanocytes[J]. Biochemistry & Cell Biology，95（1）：119−125.

Jeck WR，Sharpless NE. 2014. Detecting and characterizing circular RNAs[J]. Nature biotechnology，32：453−461.

Jens M. 2013. Circular RNAs are a large class of animal RNAs with regulatory potency[J]. Nature，495：333−338.

Ji K，Zhang P，Zhang J，et al. 2017. MicroRNA−143−5p regulates alpaca melanocyte migration，proliferation，and melanogenesis[J]. Experimental Dermatology，8（12）：322−331.

Jia C，Huiqin Z，Mao X，et al. 2018. Regulatory network of circRNA–miRNA–mRNA contributes to the histological classification and disease progression in gastric cancer[J]. Journal of Translational Medicine，16（1）：216.

Jin X，Feng CY，Xiang Z，et al. 2016. CircRNA expression pattern and circRNA−miRNA−mRNA network in the pathogenesis of nonalcoholic steatohepatitis[J]. Oncotarget，7（41）：66 455−66 467.

Kartha RV，Subbaya S. 2014. Competing endogenous RNAs（ceRNAs）：new entrants to the intricacies of gene regulation[J]. Frontiers in Genetics，5：1−9.

Kay MA，Gu S，Jin L. 2011. The mechanism of miRNA and siRNA argonaute loading in mammals[J]. Nuleic Acid Therapeutics，21（4）：3 344−3 351.

Kim SS，Yoon WJ，Hyun CG，et al. 2010. Down-regulation of tyrosinase，TRP−2 and MITF expressions by neolitsea aciculata extract in murine B16 F10 melanoma[J]. International Journal of Pharmacology，6（3）：290−295.

Kolakofsky D. 1976. Isolation and characterization of Sendai virus DI−RNAs[J]. Cell，8（4）：547−555.

Koster MI. 2004. p63 is the molecular switch for initiation of an epithelial stratification program[J]. Genes & Development，18（2）：126−131.

Lamoreux ML，DelmasV，Larue L，et al. 2010. The colors of mice：A model genetic network[M]. Hoboken：A John Wiley & Sons，Ltd.，Publication，11−12.

Le Douarin NM. 1990. Cell lineage segregation during neural crest ontogeny[J]. Annals of the New York Academy of Sciences，599：131–140.

Li F，Zhang L，Li W，et al. 2015. Circular RNA ITCH has inhibitory effect on ESCC by suppressing the Wnt/β–catenin pathway[J]. Oncotarget，6（8）：6 001–6 013.

Li J，Qu H，Jiang H，et al. 2016. Transcriptome-wide comparative analysis of microRNA profiles in the telogen skins of Liaoning cashmere goats（Capra hircus）and fine-wool sheep（Ovis aries）by solexa deep sequencing[J]. DNA& Cell Biology，35（11）：696–705.

Li L，Guo J，Chen Y，et al. 2017. Comprehensive circRNA expression profile and selection of key circRNAs during priming phase of rat liver regeneration[J]. Bmc Genomics，18：80.

Li L，Song Y，Shi X，et al. 2018. The landscape of miRNA editing in animals and its impact on miRNA biogenesis and targeting[J]. Genome Research，28（1）：132–143.

Liang D，Wilusz JE. 2014. Short intronic repeat sequences facilitate circular RNA production[J]. Genes & Development，28：2 233.

Liang HC，Chen L，Feng HX，et al. 2015. Identification of oxidative stress related microRNA in human retinal pigment epithelium[J]. International Eye Science，50（3）：245–272.

Lin JY，Fisher DE. 2007. Melanocyte biology and skin pigmentation[J]. Nature，445（7130）：843–850.

Lin X，Chen Y. 2018. Identification of potentially functional circRNA–miRNA–mRNA regulatory network in hepatocellular carcinoma by integrated microarray analysis[J]. Medical Science MonitorBasicResearch，24：70–78.

Ling ZB，Zhi CT，Jing YY，et al. 2017. Effects of GPNMB on melanogenesis in mouse melanocytes[J]. Acta Veterinaria et Zootechnica Sinica，48（9）：1 654–1 664.

Liu JF，Nie XC，Shao YC，et al. 2016. Bleomycin suppresses the proliferation and the mobility of human gastric cancer cells through the smad signaling pathway[J]. Cellular Physiology & Biochemistry，40（6）：1 401–1 409.

Liu Q，Pan LZ，Hu M，et al. 2019. Molecular network-based identification of circular RNA–associated ceRNA network in papillary thyroid cancer[J]. Pathology & Oncology Research，1：1–7.

Lombard AP，Mooso BA，Libertini SJ，et al. 2016. MiR-148a dependent apoptosis of bladder cancer cells is mediated in part by the epigenetic modifier DNMT1[J]. Molecular Carcinogenesis，55（5）：757-767.

Lowell BB. 1998. Mice lacking melanin-concentrating hormone are hypophagic and lean[J]. Nature，396（6712）：670-674.

Luciani F，Champeval D，Herbette A，et al. 2011. Biological and mathematical modeling of melanocyte development[J]. Development，138（18）：3 943-3 954.

Luo C，Merz P，Schadendorf D，et al. 2010. miR-101 is dysregulated in malignant melanoma and targets MITF[J]. New Biotechnology，27（27）：S35.

Luo Y，Wang Q，Teng L，et al. 2019. LncRNA DANCR promotes proliferation and metastasis in pancreatic cancer by regulating miRNA-33b[J]. FEBS Open Bio，10. 1 002/2 211-5 463.

Lv C，Sun L，Guo Z，et al. 2018. Circular RNA regulatory network reveals cell-cell crosstalk in acute myeloid leukemia extramedullary infiltration[J]. Journal of-Translational Medicine，16：361.

Mardaryev AN，Ahmed MI，Vlahov NV，et al. 2010. Micro-RNA-31 controls hair cycle-associated changes in gene expression programs of the skin and hair follicle[J]. Faseb Journal，24（10）：3 869-3 881.

Mills AA，Zheng B，Wang XJ，et al. 1999. p63 is a p53 homologue required for limb and epidermal morphogenesis[J]. Nature，398（6729）：708-713.

Mirosława C，Małgorzata W，Stasiewicz A，et al. 2013. Skin melanocytes：Biology and development[J]. Advances in Dermatology and Allergology，30（1）：30-41.

Mueller DW，Rehli M，Bosserhoff AK. 2009. miRNA expression profiling in melanocytes and melanoma cell lines reveals miRNAs associated with formation and progression of malignant melanoma[J]. Journal of Investigative Dermatology，129（7）：1 740-1 751.

Najem A，Krayem M，Sala SF，et al. 2017. p53 and MITF/Bcl-2 identified as key pathways in the acquired resistance of NRAS-mutant melanoma to MEK inhibition[J]. European Journal of Cancer，83：154-165.

Nigro JM，Cho KR，Fearon E R，et al. 1991. Scrambled exons[J]. Cell，64：607-613.

Pla P，Moore R，Morali OG et al. 2001. Cadherins in neural crest cell development and transformation[J]. Journal of Cellular Physiology，189：121-132.

Proctor PH, Mcginness JE. 1986. The function of melanin[J]. Archives of Dermatology, 122（5）: 507–508.

Ren H, Wang G, Chen L, et al. 2016. Genome-wide analysis of long non-coding RNAs at early stage of skin pigmentation in goats（Capra hircus）[J]. Bmc Genomics, 17（1）: 67.

Ren K, Liu QQ, An ZF, et al. 2017. MiR–144 functions as tumor suppressor by targeting PIM1 in gastric cancer[J]. European Review for Medical & Pharmacological Sciences, 21（13）: 3 028–3 034.

Ross K. 2017. Towards topical microRNA–directed therapy for epidermal disorders[J]. Control Release, 269: 136–147.

Sakurai T, Bilim VN, Ugolkov AV, et al. 2012. The enhancer of zeste homolog 2（EZH2）, a potential therapeutic target, is regulated by miR–101 in renal cancer cells[J]. Biochemical & Biophysical Research Communications, 422（4）: 607–613.

Salzman J, Gawad C, Wang PL, et al. 2012. Circular RNAs are the predominant transcript isoform from hundreds of human genes in diverse cell types[J]. Plos One, 7: e30733.

Sand M, Bechara F, Gambichler T, et al. 2016. Circular RNA expression in cutaneous squamous cell carcinoma[J]. Journal of Dermatological Science, 83: 210–218.

Sand M, Bechara F, Sand D, et al. 2016. Circular RNA expression in basal cell carcinoma[J]. Epigenomics, 8: 619–632.

Sanger HL, Klotz G, Riesner D, et al. 1976. Viroids are single-stranded covalently closed circular RNA molecules existing as highly base-paired rod-like structures[J]. Proceedings of the National Academy of Sciences, 73（11）: 3 852–3 856.

Shah SA, Din SU, Raheem N, et al. 2014. Identification of a novel mutation（p. Ile198Thr）in gene TYR in a Pakistani family with nonsyndromic oculocutaneous albinism[J]. Clinical & Experimental Dermatology, 39（5）: 646–648.

Shin MK, Levorse JM, Ingram RS, et al. 1999. The temporal requirement for endothelin receptor–B signalling during neural crest development [J]. Nature, 402（6761）: 496 – 501.

Si Y, Bai J, Wu J, et al. 2018. LncRNA PlncRNA-1 regulates proliferation and differentiation of hair follicle stem cells through TGF-β1-mediated Wnt/β-catenin signal pathway[J]. Molecular Medicine Reports，17：1 191−1 197.

Singh RP，Massachi I，Manickavel S，et al. 2013. The role of miRNA in inflammation and autoimmunity[J]. Autoimmunity Reviews，12（12）：1 160−1 165.

Slanchev K，Stebler J，Goudarzi M，et al. 2009. Control of dead end localization and activity-implications for the function of the protein in antagonizing miRNA function[J]. Mechanisms of Development，126（4）：270−277.

Slominski A，Tobin DJ，Shibahara S，et al. 2004. Melanin pigmentation in mammalian skin and its hormonal regulation[J]. Physiological Reviews，84（4）：1 155−1 228.

Smith JR，Rosenbaum JT，Williams KA. 2008. Experimental melanin-induced uveitis：experimental model of human acute anterior uveitis[J]. Ophthalmic Research，40（34）：136−140.

Su TR，Lin JJ，Tsai CC，et al. 2013. Inhibition of melanogenesis by gallic acid：possible involvement of the PI3K/Akt，MEK/ERK and Wnt/β−Catenin signaling pathways in B16F10 Cells[J]. International Journal of Molecular Sciences，14（10）：20 443−20 458.

Sui W，Shi Z，Xue W，et al. 2017. Circular RNA and gene expression profiles in gastric cancer based on microarray chip technology[J]. Oncology Reports，37：1 804.

Sun FF，Liang WW，Tang KJ，et al. 2019. Profiling the lncRNA−miRNA−mRNA ceRNA network to reveal potential crosstalk between inflammatory bowel disease and colorectal cancer[J]. PeerJ，7：e7451.

Suzuki H，Zuo Y，Wang J，et al. 2006. Characterization of RNase R-digested cellular RNA source that consists of lariat and circular RNAs from pre−mRNA splicing[J]. Nucleic Acids Research，34：e63.

Takano Y，Kubo Y，Shimizu K，et al. 1995. Structural analysis of PKS1，a polyketide synthase gene involved in melanin biosynthesis in Colletotrichum lagenarium[J]. Molecular & General Genetics Mgg，249（2）：162−175.

Tan WL，Lim BT，Anene−Nzelu CG，et al. 2017. A landscape of circular RNA expression in the human heart[J]. Cardiovascular Research，113：298−309.

Tassabehji M，Newton VE，Read AP. 1994. Waardenburg syndrome type 2 caused by mutations in the human microphthalmia（MITF）gene[J]. Nature Genetic，8（3）：251−255.

Thomas Aaron J，Erickson Carol A. 2008. The making of a melanocyte：the specification of melanoblasts from the neural crest[J]. Pigment Cell Melanoma Research，21：598–610.

Thomas AJ，Erickson CA. 2009. FOXD3 regulates the lineage switch between neural crest-derived glial cells and pigment cells by repressing MITF through a non-canonical mechanism[J]. Development，136（11）：1 849–1 858.

Tian X，Jiang J，Fan R，et al. 2012. Identification and characterization of microRNAs in white and brown alpaca skin[J]. Bmc Genomics，13（1）：555.

Tian X，Pang XL，Wang LY，et al. 2018. Dynamic regulation of mRNA and miRNA associated with the developmental stages of skin pigmentation in Japanese ornamental carp[J]. Gene，666：32–43.

Trapnell C，Hendrickson DG，Sauvageau M，et al. 2012. Differential analysis of gene regulation at transcript resolution with RNA–seq[J]. Nature Biotechnology，31（1）：46–53.

Vachtenheim J，Borovanský J. 2010. Transcription physiology of pigment formation in melanocytes：central role of MITF[J]. Experimental Dermatology，9（7）：617–627.

Villareal MO，Kume S，Bourhim T，et al. 2013. Activation of MITF by Argan oil leads to the inhibition of the tyrosinase and dopachrome tautomerase expressions in B16 murine melanoma cells[J]. Evidence–Based Complementary Alternative Medicine，3：1–9.

Volinia S，Calin G，Liu CG，et al. 2007. MiRNA signatures separate melanoma from normal epidermis and melanocytes[J]. Cancer Research，67（24）：239–246.

Wang J，Zeng H，Li H，et al. 2017. MicroRNA–101 inhibits growth，proliferation and migration and induces apoptosis of breast cancer cells by targeting sex-determining region Y–Box 2[J]. Cellular Physiology & Biochemistry，43（2）：717–724.

Wang N，Wang R，Wang R，et al. 2017. The integrated analysis of RNA–seq and microRNA–seq depictsmiRNA–mRNA networks involved in Japanese flounder（Paralichthys olivaceus）albinism[J]. Plos One，12（8）：17–25.

Wang Q，Chen J，Wang A，et al. 2018. Differentially expressed circRNAs in melanocytes and melanoma cells and their effect on cell proliferation and invasion[J]. Oncology Reports，39（4）：1 813–1 824.

Wang S，Ge W，Luo Z，et al. 2017. Integrated analysis of coding genes and non-coding RNAs during hair follicle cycle of cashmere goat（Capra hircus）[J]. Bmc Genomics，18（1）：767.

Wang Z，Wu Z，Huang P. 2017. The function of miRNAs in hepatocarcinogenesis induced by hepatitis B virus X protein[J]. Oncology Reports，6（40）：940-947.

Wehrle-Haller B，Weston J A. 1995. Soluble and cell-bound forms of steel factor activity play distinct roles in melanocyte precursor dispersal and survival on the lateral neural crest migration pathway[J]. Development，121：731-742.

Weikard R，Hadlich F，Kuehn C. 2013. Identification of novel transcripts and non-coding RNAs in bovine skin by deep next generation sequencing[J]. Bmc Genomics，14：789.

Wenguang Z，Jianghong W，Jinquan L，et al. 2007. A subset of skin-expressed microRNAs with possible roles in goat and sheep hair growth based on expression profiling of mammalian microRNAs[J]. Omics A Journal of Integrative Biology，11（4）：385-392.

Westholm JO，Miura P，Olson S，et al. 2014. Genomewide analysis of Drosophila circular RNAs reveals their structural and sequence properties and age-dependent neural accumulation[J]. Cell Reports，9：1 966-1 980.

Wilusz JE，Sharp PA. A. 2013. Circuitous route to noncoding RNA[J]. Science，340：440.

Woltering JM，Durston AJ. 2008. MiR-10 represses HoxB1a and HoxB3a in zebrafish[J]. Plos One，3（1）：e1396.

Wu DT，Chen JS，Chang DC，et al. 2008. MiR-434-5p mediates skin whitening and lightening[J]. Clinical Cosmetic & Investigational Dermatology，1：19.

Yan B，Liu B，Zhu CD，et al. 2013. MicroRNA regulation of skin pigmentation in fish[J]. Journal of Cell Science，126：3 401-3 408.

Yang J，Wang J，Pan L，et al. 2014. BMP4 is required for the initial expression of MITF in melanocyte precursor differentiation from embryonic stem cells[J]. Experimental Cell Research，320（1）：54-61.

Yang SL，Mao HM，Shu W，et al. 2006. Melanin traits of Yunnan black bone sheep and TYR gene polymorphism[J]. Hereditas，28（3）：291-311.

YangMH，XiangGH，YuD，et al. 2019. Hsa_circ_0002468 regulates the neuronal differentiation of SH–SY5Y cells by modulating the miR–561/E2F8 axis[J]. Medical Science Monitor，25：2 511–2 519.

Yi R，O' Carroll D，Pasolli HA，et al. 2006. Morphogenesis in skin is governed by discrete sets of differentially expressed microRNAs[J]. Nat Genet，38：356–362.

Yi R，Poy MN，Stoffel M，et al. 2008. A skin microRNA promotes differentiation by repressing 'stemness' [J]. Nature letters，452（7184）：225–229.

Yokoyama S，Woods SL，Boyle GM，et al. 2011. A novel recurrent mutation in MITF predisposes to familial and sporadic melanoma[J]. Nature，480（7375）：99–106.

Yuan C，xiaolong W，Rongqing G，et al. 2013. Discovery of cashmere goat（Capra hircus）microRNAs in skin and hair follicles by solexa sequencing[J]. Bmc Genomics，14（1）：511–521.

Yue Y，Guo T，Yuan C，et al. 2016. Integrated analysis of the roles of long noncoding RNA and coding RNA expression in sheep（Ovis aries）skin during initiation of secondary hair follicle[J]. Plos One，11（6）：e0156890.

Zhang J，Liu Y，Zhu Z，et al. 2017. Role of microRNA508–3p in melanogenesis by targeting microphthalmia transcription factor in melanocytes of alpaca[J]. Animal，11（2）：236–243.

Zhang S，Wang M，Li Q，et al. 2017. MiR–101 reduces cell proliferation and invasion and enhances apoptosis in endometrial cancer via regulating PI3K/Akt/mTOR[J]. Cancer Biomarkers，21（1）：1–8.

Zhang S，Wang W，Gu Q，et al. 2014. Protein and miRNA profiling of radiation-induced skin injury in rats：the protective role of peroxiredoxin–6 against ionizing radiation[J]. Free Radical Biology Medicine，69（4）：96–107.

Zhang S，Zhu D，Li H，et al. 2017. Characterization of circRNA–Associated–ceRNA networks in a senescence-accelerated mouse prone 8 brain[J]. Molecular Therapy，S152500161730271X.

Zhang Y，Yun Z，Gong L，et al. 2018. Comparison of miRNA evolution and function in plants and animals[J]. MicroRNA，7（32）：1 355–1 364.

Zhao B，Chen Y，Mu L，et al. 2018. Identification and profiling of microRNA between back and belly Skin in Rex rabbits（Oryctolagus cuniculus）[J]. World Rabbit Science，26：179–190.

Zhao B，Li Y，Chen T，et al. 2017. Gpnmb affects melanin synthesis in the melanocytes via MITF to regulate the downstream pigmental genes[J]. Scienia Agricultura Sinica，50（7）：1 334–1 342.

Zhao H，Zhang J，Shao H，et al. 2017. MiRNA–340 inhibits osteoclast differentiation via repression of MITF[J]. Bioscience Reports，37（4）：223–254.

Zhao Z，Bai J，Wu A，et al. 2015. Co–lncRNA：investigating the lncRNA combinatorial effects in GO annotations and KEGG pathways based on human RNA–Seq data[J]. Database the Journal of Biological Databases & Curation，1–7.

Zhu M，Xu Y，Chen Y，et al. 2017. Circular BANP，an upregulated circular RNA that modulates cell proliferation in colorectal cancer[J]. Biomedicine & Pharmacotherapy，88：138.

Zhu Qian，Lu Guiyu，Luo Zihua et al. 2018. CircRNA circ_0067934 promotes tumor growth and metastasis in hepatocellular carcinoma through regulation of miR–1324/FZD5/Wnt/β–catenin axis[J]. Biochemical and Biophysical Research Communications，497（2）：626.

Zhu Z，He J，Jia X，et al. 2010. MicroRNA–25 functions in regulation of pigmentation by targeting the transcription factor MITF in alpaca（Lama pacos）skin melanocytes[J]. Domestic Animal Endocrinology，38（3）：200–209.

本专著发表的相关论文及待发表论文

1. 朱芷葳，郝庆玲，侯淑宁，景炅婕，赵成萍，吕丽华，李鹏飞. 2019. 牛卵泡TEDDM1表达特点及其功能分析[J]. 畜牧兽医学报，50（6）：1 189-1 197.
2. 朱芷葳，贺俊平，于秀菊，程志学，董常生. 2012. Mitf-M在羊驼皮肤组织的表达与序列分析及免疫组织化学定位[J]. 中国农业科学，45（4）：794-800.
3. 朱芷葳，贺俊平，于秀菊，李鹏飞，程志学，董常生. 2012. PAX3转录因子在羊驼皮肤组织中的表达和定位分析[J]. 畜牧兽医学报，43（5）：729-734.
4. 朱芷葳，李拴英，李慧锋，李鹏飞，许冬梅. 2012. MiRNA在皮肤组织中的作用研究进展[J]. 中国畜牧兽医，39（7）：77-79.
5. 朱芷葳，贺俊平，程志学，王海东，李鹏飞，乔德瑞，董常生. 2010. MicroRNAs在成年羊驼皮肤组织中的表达[J]. 畜牧兽医学报，41（10）：1 342-1 345.
6. 朱芷葳，贺俊平，董常生. 2006. 哺乳动物卵母细胞孤雌激活研究进展[J]. 草食家畜，130（1）：27-29.
7. 朱芷葳，赫晓燕，姜俊兵，范瑞文，董常生. 2006. Real-time PCR将成为分子生物学研究的重要检测技术[J]. 畜牧兽医科技信息，3：25-26.
8. 朱芷葳. 2009. MicroRNA-25通过抑制羊驼皮肤组织Mitf基因的表达调节被毛颜色发生机制的研究[D]. 太谷：山西农业大学博士学位论文.
9. 蔡永强. 2017. MicroR-148对羊驼黑色素细胞色素形成关键因子抑制作用的研究[D]. 太谷：山西农业大学硕士学位论文.
10. 李园. 2018. MicroRNA-101-3p和microRNA-144-3p对黑色素形成关键基因的调控及其作用机制的研究[D]. 太谷：山西农业大学硕士学位论文.
11. 李鹏飞，孟金柱，郝庆玲，毕锡麟，王锴，朱芷葳，吕丽华. 2018. Pdf2和odf1转录组测序筛选牛卵泡发育相关基因[J]. 畜牧兽医学报，49（2）：300-309.

12. 李园，刘文艳，蔡永强，张利环，李宏，朱芷葳. 2017. 黑色素细胞相关调控因子研究进展[J]. 动物医学进展，38（2）：79-82.
13. 李鹏飞，孟金柱，郝庆玲，毕锡麟，王锴，朱芷葳，吕丽华. 2017. 胰岛素和FSH对体外培养猪卵泡颗粒细胞雌激素的影响[J]. 畜牧兽医学报，48（11）：2 084-2 090.
14. 蔡永强，李园，刘文艳，朱芷葳，李慧锋，李宏，张利环. 2017. 羊驼黑色素细胞培养中支原体污染初探[J]. 黑龙江畜牧兽医，06上：34-37.
15. 刘文艳，李园，蔡永强，张利环，李慧锋，李宏，朱芷葳. 2017. 黑色素细胞中MITF相关信号通路调控因子的研究进展[J]. 畜牧与兽医，49（8）：125-128.
16. 许冬梅，赵宇军，杜斌，张亚玲，朱芷葳，谢建山，范瑞文，于秀菊，董常生. 2017. MiR-186-5p对绵羊黑色素细胞迁移增殖的影响[J]. 畜牧兽医学报，48（11）：2 068 -2 075.
17. 李慧锋，张臻，朱文进，张同玉，郭文捷，蔡永强，朱芷葳，张利环. 2017. 白来航蛋鸡产蛋前后肝转录组功能分析[J]. 畜牧兽医学报，48（9）：1 624-1 634.
18. 张亚玲，许冬梅，杜斌，谢建山，范瑞文，于秀菊，朱芷葳，董常生. 2016. 过表达miR-193b对黑色素细胞中MITF和TYR表达的影响[J]. 畜牧兽医学报，47（5）：938-943.
19. 蔡永强，李园，刘文艳，张利环，李慧锋，李宏，朱芷葳. 2016. 小眼畸形相关转录因子（MITF）的研究进展[J]. 畜牧与饲料科学，37（10）：16-19.
20. 邢颖，朱芷葳，张利环，侯燕平，范华，李慧锋. 2015. 2株可感染大肠埃希菌工程菌的噬菌体的鉴定与分析[J]. 微生物学杂志，35（6）：64-68.
21. 张利环，李玲香，张瑜，原一桐，王文魁，朱芷葳，王钦德，李慧锋. 2015. 转录因子USF1调控鸡小肠上皮细胞中糖类转运蛋白表达[J]. 畜牧兽医学报，46（10）：1 713-1 720.
22. 王政，郭文婕，邢颖，罗榕，朱芷葳，张利环，李慧锋. 2015. 鸡碱性氨基酸转运基因调控区多态性对生产性状的影响[J]. 山西农业大学学报（自然科学版），35（6）：649-654.
23. 李鹏飞，孟金柱，谢建山，朱芷葳，刘岩，姜晓龙，陈建伟，姚晓磊，赵妙妙，吕丽华. 2015. 牛卵泡ODF1与ODF2转录组发育相关基因筛选及表达差异分析[J]. 畜牧兽医学报，46（11）：1 961-1 966.

24. 谢建山，张丹瑾，郭艳妮，范瑞文，许冬梅，杨玉静，聂瑞强，于秀菊，段力升，朱芷葳，高文俊，赫晓燕，董常生. 2015. 突触融合蛋白4在不同毛色小鼠皮肤组织的差异表达[J]. 畜牧兽医学报，46（6）：957-964.
25. 张晋华，胡俊杰，李鹏飞，朱芷葳. 2014. 致病性大肠杆菌感染家兔不同部位的抗体效价测定[J]. 山西农业大学学报（自然科学版），34（2）：132-135.
26. 李鹏飞，岳文斌，李富禄，黄洋，孙晋燕，朱芷葳，于秀菊，贺俊平，范瑞文，任有蛇，吕丽华. 2012. 可卡因-苯丙胺调控转录肽（CART）对猪卵巢卵泡颗粒细胞雌激素产生的影响[J]. 畜牧兽医学报，43（12）：1 879-1 886.
27. 任玉红，杨刚，范瑞文，朱芷葳，董常生. 2012. 黑素皮质素受体1（MC1R）在不同毛色羊驼皮肤组织中的表达与定位研究[J]. 畜牧兽医学报，43（7）：1 049-1 055.
28. 白瑞，于志慧，李鹏飞，朱芷葳，程志学， 范瑞文，董常生. 2012. 核糖体蛋白l41（rpl41）基因对羊驼毛色调控的研究[J]. 黑龙江畜牧兽医，11：62-63.
29. 刘丹丹，张志宇，赫晓燕，董彦君，朱芷葳，白瑞，张杰，郝欢庆，邢海权. 2011. Fgf5在青年羊驼背部和耳部皮肤中的表达和定位[J]. 中国生物化学与分子生物学报，27（5）：473-479.
30. 赫晓燕，郝欢庆，刘丹丹，范瑞文，曹靖， 朱芷葳，董彦君，邢海权. 2010. 青年羊驼耳部和背部皮肤组织中mirna差异表达研究[J]. 中国生物化学与分子生物学报，26（11），1 016-1 022.
31. 张俊珍，范瑞文，李鹏飞，白瑞，朱芷葳，董常生. 2010. 羊驼皮肤中核糖体蛋白l34（rpl34）基因表达的分析[J]. 激光生物学报，19（4）：479-487.
32. 赫晓燕，郝欢庆，曹靖，刘丹丹，朱芷葳，董彦君，白瑞，于秀菊. 2010. 幼龄雄性羊驼脑垂体结构的研究[J]. 畜牧兽医学报，41（6）：778-784.
33. 于秀菊，董常生，范阔海，贺俊平，姜俊兵，朱芷葳，董彦君. 2010. β-catenin在不同毛色羊驼皮肤中的表达和定位[J]. 畜牧兽医学报，41（3）：335-340.
34. 任玉红，任彬，范瑞文，朱芷葳，杨勇，李辉，董常生. 2009. 羊驼MC1R基因克隆及其在不同毛色个体中表达水平研究[J]. 畜牧兽医学报，40（6）：841-845.
35. 乔德瑞，朱芷葳. 2009. 基因打靶技术及其应用前景[J]. 现代农业科技，20：368-369.
36. 范瑞文，董常生，游蓉丽，朱芷葳，张伟业，曹靖，董彦君，杜红阳，刘一飞，栗艳. 2009. 白色青年羊驼皮肤的基因表达分析[J]. 中国农业科学，42（1）：290-298.

37. 赫晓燕，朱芷葳，游蓉丽，郝欢庆，范瑞文，高莉，曹靖，董彦君，董常生. 2008. 催乳素及其受体在青年公羊驼皮肤中分布的研究[J]. 畜牧兽医学报，39（12）：1 765-1 771.

38. 范瑞文，董常生，朱芷葳，赫晓燕，游蓉丽. 2008. 羊驼transcription elongation factor B（S Ⅲ）（Tceb2）cDNA的获取与序列分析[J]. 中国农学通报，24（11）：1-5.

39. 李鹏飞，董常生，范瑞文，白瑞，朱芷葳，杜海燕. 2006. 羊驼核糖体蛋白s5（rps5）基因与绒毛生长发育的研究[J]. 经济动物学报，10（4）：215-218.

40. 李鹏飞，董常生，杜海燕，范瑞文，白瑞，朱芷葳. 2006. 羊驼核糖体蛋白s5（rps5）全长基因的筛选及其序列分析[J]. 畜禽业，212：6-9.

41. 李鹏飞，董常生，范瑞文，白瑞，朱芷葳，杜海燕. 2006. 核糖体蛋白s5（rps5）基因对羊驼毛色调控的研究[J]. 畜禽业，10：16-18.

42. Zhiwei Zhu，Yueyue Ma，Yuan Li，Zhixue Cheng，Huifeng Li，Lihuan Zhang，Dongmei Xu and Pengfei Li. 2019. Comparison of miRNA-101a-3p and miRNA-144a-3p regulation with the key genes of alpaca melanocyte pigmentation[J]. Bmc Molecular Biology，20（1）：19.

43. Zhiwei Zhu，Yuan Li，Wenyan Liu，Junping He，Lihuan Zhang，Huifeng Li，Pengfei Li，Lihua Lv. 2018. Comprehensive circRNA expression profile and construction of circRNA-associated ceRNA network in fur skin[J]. Experimental Dermatology，27（3）：251-257.

44. Zhiwei Zhu，Yongqiang Cai，Yuan Li，Huifeng Li，Lihuan Zhang，Dongmei Xu，Xiuju Yu，Pengfei Li，Lihua Lv. 2019. MiR-148a-3p inhibits alpaca melanocyte pigmentation by targeting MITF[J]. Small Ruminant Research，177：44-49.

45. Zhiwei Zhu，Yueyue Ma，Yuan Li，Pengfei Li，Zhixue Cheng，Huifeng Li，Lihuan Zhang，Zhongwei Tang. The comprehensive detection of miRNA，lncRNA，and circRNA in regulation of mouse melanocyte and skin development[J]. Biological Research.（Under review）

46. Qingling Hao，Zhiwei Zhu，Dongmei Xu，Wenzhong Liu，Lihua Lyu Pengfei Li. 2019. Proteomic characterization of bovine granulosa cells in dominant and subordinate follicles[J]. Hereditas，156：21.

47. Lixin Li, Juan Wang, Yun Bai, Jingwei Li, Xiuju Yu, Xiaomao Luo, Zhiwei Zhu, Xiaoyan He, Yanjun Dong, Hongquan Li, Haidong Wang. 2019. Effect of hypoxia on the muscle fiber switching signal pathways CnA/ NFATc1 and myostatin in mouse myocytes[J]. Acta Histochemica, 121（5）: 539–545.

48. Ying Liu, Linli Xue, Hang Gao, Lucheng Chang, Xiuju Yu, Zhiwei Zhu, Xiaoyan He, Jianjun Geng, Yanjun Dong, Hongquan Li, Liping Zhang, Haidong Wang. 2019. Exosomal miRNA derived from keratinocytes regulates pigmentation in melanocytes[J]. Journal of Dermatological Science, 93: 159–167.

49. Lihuan Zhang, Yuan L, Wenyan Liu, Huifeng Li, Zhiwei Zhu. 2018. Analysis of the complex interaction of CDR1as–miRNA–protein and detection of its novel role in melanoma[J]. Oncology Letters, 16（1）: 1 219–1 225.

50. Pengfei Li, Jinzhu Meng, Jiongjie Jing, Qingling Hao, Zhiwei Zhu, Jianbo Yao, Lihua Lyu. 2018. Study on the relationship between expression patterns of cocaine–and amphetamine regulated transcript and hormones secretion in porcine ovarian follicles[J]. Biological Research, 51（1）: 6.

51. Zhen Li, Jieli Lu, Chonghui Wu, Quanhai Pang, Zhiwei Zhu, RuipengNan, Ruochen Du, JiaChen. 2017. Toxicity studies of ethyl maltol and iron complexes in mice[J]. Biomed Research International, 2640619.

52. Pengfei Li, Xuejing Yu, Jianshan Xie, Xiaolei Yao, Wenzhong Liu, Jianbo Yao, Zhiwei Zhu, Lihua Lyu. 2017. Expression of cocaine- and amphetamine-regulated transcript（CART）in hen ovary[J]. Biology Research, 50（1）: 18.

53. Zhen Li, Jieli Lu, Jia Chen, Quanhai Pang, Ruipeng Nan, Zhiwei Zhu. 2017. Expression and localization of guanine nucleotide-binding protein alpha S in the testis and epididymis of rams at different developmental stages[J]. Animal Reproduction Science, 178: 31–39.

54. Yanjun Dong, Jing Cao, Haidong Wang, Jie Zhang, Zhiwei Zhu, Rui Bai, HuanQing Hao, Xiaoyan He, Ruiwen Fan, Changsheng Dong. 2010. Nitric oxide enhances the sensitivity of alpaca melanocytes to respond to alpha-melanocyte-stimulating hormone by up-regulating melanocortin–1 receptor[J]. Biochemical and Biophysical Research Communications, 396（4）: 849–853.

55. Zhiwei Zhu, Junping He, Xiaoyun Jia, Junbing Jiang, Ru Bai, Xiuju Yu,

Lihua Lv，Ruiwen Fan，Xiaoyan He，Jianjun Geng，Rongli You，Yanjun Dong，Derui Qiao，KB Lee，GW Smith，Changsheng Dong. 2010. MicroRNA-25 functions in regulation of pigmentation by targeting the transcription factor MITF in alpaca（Lama pacos）skin melanocytes[J]. Domestic Animal Endocrinology，38：200-209.
56. Junping He，Changsheng Dong，Rongli You，Zhiwei Zhu，Lihua Lv，George W. Smith. 2009. Localization of epidermal growth factor（EGF）and its receptor（EGFR）during postnatal testis development in the alpaca（Lama pacos）[J]. Animal Reproduction Science，116（1-2）：155-161.